墨菲定律

李原 / 编著

中国华侨出版社
北京

图书在版编目 (CIP) 数据

墨菲定律 / 李原编著 . -- 北京 : 中国华侨出版社，
2019.8

ISBN 978-7-5113-7881-1

Ⅰ . ①墨… Ⅱ . ①李… Ⅲ . ①成功心理－通俗读物
Ⅳ . ① B848.4-49

中国版本图书馆 CIP 数据核字（2019）第 120722 号

墨菲定律

编　　著 /	李　原
责任编辑 /	刘雪涛
封面设计 /	韩立强
文字编辑 /	宋　媛
美术编辑 /	吴秀侠
插图绘制 /	刘美玉
经　　销 /	新华书店
开　　本 /	880mm×1230mm　1/32　印张：8　字数：200 千字
印　　刷 /	三河市华成印务有限公司
版　　次 /	2019 年 9 月第 1 版　　2021 年 4 月第 3 次印刷
书　　号 /	ISBN 978-7-5113-7881-1
定　　价 /	38.00 元

中国华侨出版社 北京市朝阳区西坝河东里 77 号楼底商 5 号 邮编：100028
法律顾问：陈鹰律师事务所
发 行 部：(010) 64443051　　　传　真：(010) 64439708
网　　址：www.oveaschin.com　E-mail：oveaschin@sina.com

如果发现印装质量问题，影响阅读，请与印刷厂联系调换。

　　世界是纷繁复杂的，很多事情我们虽然习以为常，但并不了解其真相，我们需要用一些理论来揭示事物运行的逻辑规律，推演命运发展的因果关系。我们更需要用一些理论来指导我们的生活和工作，以使我们的生活更加美好，工作更加顺利。

　　生活中，很多人都有过这样的经历：出门怕碰见某人，但偏偏就会遇到；课下没有复习，心中祈祷着老师千万不要叫你回答问题，但课堂上老师偏偏就提问你；开车的时候，总是旁边的车道走得快些……这就是著名的"墨菲定律"。它就像一个神秘的幽灵，不时地捉弄人们，让人哭笑不得、心神不宁。墨菲定律其实并不是一种强调人为错误的概率性定理，而是阐述了一种偶然中的必然性。它提醒我们，不要盲目乐观、狂妄自大。错误是这个世界的一部分，我们要学会如何接受错误，并不断从中总结经验教训，以防止人为失误导致的损失和灾难。

　　世界上有许多神奇的人生定律、法则、效应，运用这些神奇的理论，我们能洞悉世事，解释人生的诸多现象，更重要的是，这些理论能指导我们如何去做，如何去改变我们的命运。不管你是否知道这些定律和法则，它们都在起着决定性的作用——只是我们很少去关注它们。古今中外，那些伟大的成功者，都深谙这些法则与定律的奥妙所在。所以，无论我们是谁，无论我们从事什么职业，都需要知道这些法则和定律。

为了让读者了解这些定律和法则的具体内容，我们推出了这本《墨菲定律》。本书介绍了墨菲定律、洛克定律、刻板效应、马蝇效应、奥卡姆剃刀定律、木桶定律、口红效应、二八法则等经典的定律、法则、效应。在介绍了每个法则或定律的来源和基本理论后，本书就如何运用其解释人生中的现象并指导我们的工作和生活等进行了重点阐述，并配以表现其精髓的精美、幽默的插图。这些定律包括了管理、经济、人际、职场等多个方面，本书逐条对其进行了深入浅出的解读，全方位地扫描人生的全过程，力求让其成为人们更好的思想磨刀石和行为指南针。

目录

contents

第二章　职场法则

第三章　人际规律

第四章　经济效应

第五章 决策学问

第六章 管理原理

第一章

成功定律

洛克定律：
确定目标，专注行动

有目标才会成功

目标，是赛跑的终点线，是跳高的最高点，是篮圈，是球门，是一个人奋斗的方向。没有目标，人就会变成没头的苍蝇，盲目而不知所措。没有目标，你终会因碌碌无为而悔恨；没有目标，你就很难与成功相见。

人要有一个奋斗目标，这样活起来才有精神、有奔头。那些整天无所事事、无聊至极的人，就是因为没有目标。从小就为自己的人生制定一个目标，然后不断地向它靠近，终有一天你会达到这个目标。如果从小就糊里糊涂，对自己的人生不负责任，没有目标没有方向，那这一生也难有作为。每个人出门，

都会有自己的目的地，如果不知道自己要去哪里，漫无目的地闲逛，那速度就会很慢；但当你清楚你自己要去的地方，你的步履就会情不自禁地加快。如果你分辨不清自己所在的方位，你会茫然若失；一旦你弄清了自己要去的方向，你会精神抖擞。这就是目标的力量。所以说，一个人有了目标，才会成功。

美国哈佛大学曾经做过一项关于"目标"的跟踪调查，调查的对象是一群智力、学历和环境等都差不多的年轻人。调查结果显示90%的人没有目标，6%的人有目标，但目标模糊，只有4%的人有非常清晰明确的目标。20年后，研究人员回访发现，那4%有明确目标的人，生活、工作、事业都远远超过了另外96%的人。更不可思议的是，4%的人拥有的财富，超过了96%的人所拥有财富的总和。由此可见目标的重要性。

一位哲人曾经说过，除非你清楚自己要到哪里去，否则你永远也到不了自己想去的地方。要成为职场中的强者，我们首先就要培养自己的目标意识。古希腊的彼得斯说："须有人生的目标，否则精力全属浪费。"古罗马的小塞涅卡说："有些人活着没有任何目标，他们在世间行走，就像河中的一棵小草，他们不是行走，而是随波逐流。"

在这个世界上有这样一种现象，那就是"没有目标的人在为有目标的人达到目标"。因为有明确、具体的目标的人就好像有罗盘的船只一样，有明确的方向。在茫茫大海上，没有方向的船只能跟随着有方向的船走。

有目标未必能够成功，但没有目标的人一定不能成功。博恩·崔西说，"成功就是目标的达成，其他都是这句话的注解"。顶尖的成功人士不是成功了才设定目标，而是设定了目标才成功。

目标是灯塔，可以指引你走向成功。有了目标，就会有动力；有了目标，就会有方向；有了目标，就会有属于自己的未来。

目标要"跳一跳，够得着"

目标不是越大越好、越高越棒，而是要根据自己的实际情况，制定出切实可行的目标才最有效。这个目标不能太容易就能达到，也不能高到永远也碰不着，"跳一跳，够得着"最好。

这个目标既要有未来指向，又要富有挑战性。比如那篮圈，定在那个高度是有道理的，它不会让你轻易就进球，也不会让你永远也进不了球，它正好是你努努力就能进球的高度。试想，如果把篮圈定在 1.5 米的高度，那进球还有意义吗？如果把篮圈定在 15 米的高度，还有人会去打篮球吗？所以，制定目标就像这篮圈一样，要不高不低，通过努力能达到才有效。

曾经有一个年轻人，很有才能，得到了美国汽车工业巨头福特的赏识。福特想要帮这个年轻人完成他的梦想，可是当福特听到这位年轻人的目标时，不禁吓了一跳。原来这个年轻人一生最大的愿望就是要赚到 1000 亿美元，是福特当时所有资产的 100 倍。这个目标实在是太大了，福特不禁问道："你要那么多钱做什么？"年轻人迟疑了一会儿，说："老实讲，我也不知道，但我觉得只有那样才算是成功。"福特看看他，意味深长地说："假如一个人果真拥有了那么多钱，将会威胁整个世界，我看你还是先别考虑这件事，想些切实可行的吧。"5 年后的一天，那位年轻人再次找到福特，说他想要创办一所大学，自己有 10 万美元，还差 10 万美元，希望福特可以帮他。福特听了这个计划，觉得可行，就决定帮助这位年轻人。又过了 8 年，年轻人如愿以偿地成功创办了自己的大学——伊利诺伊大学。

所以说，如果一个人的目标定得过大，听起来很空洞，没有一点儿可行性，那这个目标只是一个空谈，永远没有可以实现的一天。

千里之行始于足下，汪洋大海积于滴水。成功都是一步一步走出来的。当然也有人一夜暴富，一下成名，但是谁又能看到他们之前的努力与艰辛。俄国著名生物学家巴甫洛夫临终前，有人向他请教成功的秘诀。巴甫洛夫只说了八个字："要热诚而且慢慢来。""热诚"，有持久的兴趣才能坚持到成功。"慢慢来"，不要急于求成，做自己力所能及的事情，然后不断提高自己；不要妄想一步登天，要为自己定一个切实可行的目标，有挑战又能达到，不断追求，走向成功。

拿破仑·希尔说过："一个人能够想到一件事并抱有信心，那么他就能实现它。"换句话说，一个人如果有坚定明确的目标，他就能达成这一目标。坚定是说态度，明确是讲对自我的认识程度。每个人都有自己的优点和缺点，有自己的爱好与厌恶，所以每个人所制定的目标也是不一样的。

要根据自己的实际情况，制定自己"跳一跳，够得着"的目标。首先要对自己的实际情况有一个清晰的认识。对自己的能力、潜力，自己的各方面条件都有一个明确的了解，经过仔细考虑定出属于自己的奋斗目标。有些人之所以一生都碌碌无为，是因为他们的人生没有目标；有些人之所以总是失败，是由于他们的目标总是太大、太空，不切实际。因此，想要成功，就要先为自己制定一个奋斗目标，属于自己的"跳一跳，够得着"的奋斗目标。

瓦拉赫效应：

成功，要懂得经营自己的长处

经营自己的长处，让人生增值

曾有一个叫奥托·瓦拉赫的人，中学时，父母为他选了文学之路，可一学期下来，老师给他的评语竟为："瓦拉赫很用功，但过分拘泥，这样的人即使有着完美的品德，也绝不可能在文学上发挥出来。"无奈，他又改学油画，但这次得到的评语更令人难以接受："你是绘画艺术方面的不可造就之材。"面对如此"笨拙"的学生，大多数老师认为他已成才无望，只有化学老师觉得他做事一丝不苟，这是做好化学实验应有的品格，建议他试学化学。谁料，瓦拉赫的智慧火花一下子被点燃了，并最终成了诺贝尔化学奖的得主……

这就是人们广为传颂的"瓦拉赫效应"。

比尔·盖茨，这位赫赫有名的世界级成功典范，令无数的人仰慕不已。他的成功，与他把握住未来的大趋势，尤其是懂得经营自己的强项密不可分。

事实上，盖茨一开始就与伙伴保罗·艾伦看到了个人电脑将改变整个世界的趋势，他们两个人经常通宵达旦地探讨个人电脑世界将会是什么样子，对这场革命的到来深信不疑。对于初出茅庐的微软来说，"它将到来"是他们的坚定信念，而他们为这将要到来的计算机时代开发软件。虽然他们没想到他们的公司能迅速跻身于世界强公司的前列，并发挥着超凡的作用，但当时他们至少窥见了IBM或数字设备公司这样的主板生产公司已陷入他们自身无法意识到的困境了。"我记得从一开始我们就纳闷，像数字设备公司这样的微机生产商生产出的机器功能强大而价格低廉，那么他们的发展前景在哪里呢？""IBM 的前景又在哪里呢？在我们看来，他们好像把一切都弄糟了，而且他们的未来也将是一团糟。我们对上帝说，天啊，这些人怎么能不警觉呢？他们怎么能不震惊害怕呢？"

盖茨的技术知识是微软所向披靡的成功秘诀中最重要的一条，而这也正是他的核心强项，他始终保持着对这一领域的决定权。在许多时候，他比他的对手更清楚地看到了未来科技的走势。

微软公司的同事们都盛赞盖茨的技术知识让他独具优势。他总是能提出正确的问题，他对程序的复杂细节几乎了如指掌。"你会纳闷，他怎么知道的呢？"布莱德·斯利夫伯格这位参加了视窗（Windows）开发设计的人这么说过。

和盖茨个人以强项打天下的套路几乎如出一辙，微软公司把开发新产品作为全部事业的中心，根据市场需求推陈出新，发挥自身优势，力求变弱为强，深谋远虑，未雨绸缪，牢牢把握住了世界信息产业市场的未来。

微软与任何公司一样，实际上类似于一个动态的人体系统。它之所以能够有效运行，是因为微软人将竞争所需的各种技术能力和市场知识结合起来，并且把它们付诸行动。产品开发是微软所有事业的中心，公司的存亡和盛衰关键在于新产品。

微软还必须源源不断地增添有用功能来说服其成百万的现有顾客购买产品的新版本，虽然旧版本对于绝大多数人已经够用。

为了保持市场份额在未来持续增长，微软计划创建种类繁多的、结合先进的多媒体及网络通信技术的消费性产品。显然，微软面临的一个关键问题是公司是否能够继续增进其开发能力，并且建立更大、更复杂的软件产品和以软件为基础的信息服务。

就像我们已经指出的那样，微软还必须极大地简化这些中间产品，从而将它们成功地推销给世界上数十亿的新兴家庭消费者。

不言而喻，微软公司今日的成功，很大程度上得益于盖茨准确的市场定位和产品的推陈出新。人们公认微软公司的成功是由于"不停地创新"，而盖茨对未来形势精确的分析和其独有的战略眼光，以及对自己强项的经营程度，不仅为微软公司的员工，也为其对手所称道。

这一切，也正是"瓦拉赫效应"的典型体现，幸运之神就是那样垂青于忠于自己个性长处的人。正如松下幸之助所言，人生成功的诀窍在于经营自己的个性长处，经营长处能使自己的人生增值，否则，必将使自己的人生贬值。

承认缺憾，弥补缺陷

在美国某个学校的一间教室里，坐着一个8岁的小孩，他胆小而脆弱，脸上经常带着一种惊恐的表情。

一旦被老师叫起来背诵课文或者回答问题，他就会惴惴不安，而且双腿抖个不停，嘴唇也颤动着。自然，他的回答时常含糊而不连贯，最后，他只好颓废地坐到座位上。如果他能有副好看的面孔，也许给人的感觉会好一点儿。但是，当你向他同情地望过去时，你一眼就能看到他那一口实在无法恭维的龅牙！通常，像他这种小孩，自然很敏感，他们会主动地回避多姿多彩的生活，不喜欢交朋友，宁愿让自己成为一个沉默寡言的人。但是，这个小孩却不如此，他虽然有许多的缺憾，然而同时，在他身上也有一种坚韧的奋斗精神，一种无论什么人都可具有的奋斗精神。事实上，对他而言，正是他的缺憾增强了他去奋斗的热忱。他并没因为同伴的嘲笑而使自己奋斗的勇气有丝毫减弱。相反，他使经常喘气的习惯变成了一种坚定的声响；他用坚强的

意志，咬紧牙关使嘴唇不再颤动；他挺直腰杆使自己的双腿不再战栗，以此来克服他与生俱来的胆小和众多的缺陷。

这个小孩就是西奥多·罗斯福。

他并没有因为自己的缺憾而气馁。相反，他还千方百计把它们转化为自己可以利用的资本，并以它们为扶梯爬到了荣誉的顶峰。他用这种方法战胜了自己的缺憾，这种方法是大家都可以用得上的。到他晚年时，已经很少有人知道他曾经有过严重的缺憾，他自己又曾经如何地惧怕过它。美国人民都爱戴他，他成了美国有史以来最得人心的总统之一。

盖茨说："我们尊敬罗斯福，同时，也希望我们能像他一样，为改变自己的命运做些努力。如果我们尝试着去做一件还有点儿价值的事，假如失败了，我们便借故来掩饰自己，那么我们就是在以自己的缺憾为借口了。"缺憾应当成为一种促使自己向上的激励因素，而不是一种自甘沉沦的理由，它暗示你在它上面应当做一点儿努力。

木桶定律：

抓最"长"的，不如抓最"短"的

***

克服人性"短板"，避开成事"暗礁"

一位老国王给他的两个儿子一些长短不同的木板，让他们各做一个木桶，并承诺谁做的木桶装下的水多，谁就可以继承王位。大儿子为把自己的木桶做大，每块挡板都削得很长，可做到最后一条挡板时没有木材了；小儿子

则平均地使用了木板，做了一个并不是很高的木桶。结果，小儿子的木桶装的水多，最终继承了王位。

与此类似，遇到问题时，我们若能先解决导致问题的"短板"，便可大大缩短解决问题的时间。

俗话说"人无完人"，确实，人性是存在许多弱点的，如恶习、自卑、犯错、忧虑、嫉妒等。根据木桶定律，这些短处往往是限制我们能力的关键。就像木桶一样，一个木桶能装多少水，并不是用最长的木板来衡量的，而是要靠最短的木板来衡量，木桶装水的容量受到最短木板的限制，所以，要想让木桶装更多的水，我们必须加长自己最短的木板。

1. 恶习

我们时时刻刻都在无意识地培养着习惯，这令我们在很多情况下都臣服于习惯。然而，好的习惯可为我们效力，不好的习惯，尤其是恶习（比如拖沓、酗酒等），会在做事时严重拖我们的后腿。所以，我们要学会对自己的习惯分类，对不好的习惯进行改正，以免将成功毁在自己的恶习之中。

2. 自卑

自卑，可以说是一种性格上的缺陷，表现为对自己的能力、品质评价过低。它往往会抹杀我们的自信心，我们本来有足够的能力去完成学业或工作任务，却因怀疑自己而失败，显得处处不行，处处不如别人。所以，做事情要相信自己的能力，要告诉自己"我能行""我是最棒的"，那样，才能把事情办好，走向成功。

3.犯错

人们通常不把犯错误看成是一种缺陷，甚至把"失败是成功之母"当成至理名言。殊不知，有两种情况下犯错误就是一种缺陷。一种是不断地在同一个问题上犯错误，另一种是犯错误的频率比别人高。这些错误，或许是因他们态度上的问题，或许是因他们做事不够细心、没有责任心导致的，但无论哪种，都是成功的绊脚石。因此，平时要学会控制自己，改掉马虎大意等不良习惯；犯错后不要找托词和借口，懂得正视错误，并加以改正。

4.忧虑

有位作家曾写道，给人们造成精神压力的，并不是今天的现实，而是对昨天所发生事情的悔恨，以及对明天将要发生的事情的忧虑。没错，忧虑不仅会影响我们的心情，而且会给我们的工作和学习带来更大的压力。更重要的是，无休止的忧虑并不能解决问题。所以，我们要学会控制自己的情绪，客观地去看问题，在现实中磨炼自己的性格。

5.妒忌

妒忌是人类最普遍、最根深蒂固的感情之一。它的存在，总是令我们不能理智地、积极地做事，于是，常导致事倍功半，甚至劳而无功的结果。因此，无论在生活中，还是在工作中，我们都应平和、宽容地对待他人，客观地看待自己。

6.虚荣

每一个人都有一点儿虚荣心，但是过强的虚荣心，使人很容易被赞美之词迷惑，甚至不能自持，很容易被对手打败。所以，我们要控制虚荣，摆脱虚荣，正确地认识自己。

7. 贪婪

由于太看重眼前的利益，该放弃时不能放弃，结果铸成大错，甚至悔恨终生。众所周知，很多人因太贪钱财等身外之物而毁了大好前程，有时明知是圈套，却因为抵抗不住诱惑而落入陷阱。说到底，不是人不聪明，而是败给了自己的贪欲。可见，要成事，先要找对心态，知足才能常乐。

一位伟人曾经说过："轻率和疏忽所造成的祸患将超乎人们的想象。"许多人之所以失败，往往是因为他们没有注意到自己成功路上的那块短板。所以，我们要想做好事情，应先学会做人，找到自己成功路上的短板，取长补短，从而摆脱弱点对我们的控制。

找到"阿喀琉斯之踵"，让问题迎刃而解

在希腊神话中，有这样一个意义深刻的故事：

阿喀琉斯是希腊神话中最伟大的英雄之一。他的母亲是一位女神，在他降生之初，女神为了使他长生不死，将他浸入冥河洗礼。阿喀琉斯从此刀枪不入，百毒不侵，只有一点除外——他的脚踵被女神提在手里，未能浸入冥河，于是脚踵就成了这位英雄的唯一弱点。

在漫长的特洛伊战争中，阿喀琉斯一直是希腊人最勇敢的将领。他所向披靡，任何敌人见了他都会望风而逃。

但是，在十年战争快结束时，对方的将领帕里斯在众神的示意下，抓住了阿喀琉斯的弱点，一箭射中了他的脚踵，阿喀琉斯最终不治而亡。

与"阿喀琉斯之踵"类似，任何事情或组织都有它的最薄弱之处，而问题又往往由这里产生。那么，如果我们把这个最薄弱处解决，问题往往就迎刃而解了。

曾有一家刚起步的电子商务公司，采购与销售是两个独立的部门，公司规定两个部门的资料每周沟通两次。然而，由于平时业务繁忙，再加上两个部门的员工不能及时交流沟通，总是造成销售人员在认为商品有货源的情况下接受了顾客的订单，但采购部实际上并不能在短时间内找到相应货源的情况。于是，顾客不能按时收到商品，公司经常接到投诉和顾客的抱怨，严重影响了业绩和公司的形象。

总经理发现了两个部门缺少沟通这一关键而又薄弱的环

节后，为全公司所有员工的电脑安装了及时沟通软件，让两个部门的员工能及时沟通。同时，还在公司建立了库存与近期货源一览表，从而避免了原来有单无货的不良现象，既提高了公司的业绩，又提升了公司的形象。

通过这个例子可以看出，如果不能及时解决采销两个部门沟通的这块"短板"，无论销售人员如何努力接订单，对解决问题仍没有实质性的效果。因此，抓住导致问题的短板，并从根本上予以解决，才能使问题迎刃而解。

与此类似的例子还有很多，例如，你和竞争对手同时争取一个项目，那么，你就需要了解对方的薄弱之处在哪儿，如何用你的强势攻克对手的薄弱环节；家庭因家电超负荷导致停电，检查电线和电器往往不起丝毫作用，而真正的解决方法应该是修好脆弱的保险丝；孩子成绩不好，解决的方法不是帮他们做题、写作业，也不是用训斥来打击他们幼小的心灵，而是要找到孩子在学习上的薄弱之处，从这里着手，才能从根本上提高孩子的成绩……

木桶定律让我们明白，遇到问题，不要蛮干，要找到导致问题的短板，科学地予以解决，从而达到事半功倍的效果。

艾森豪威尔法则：

分清主次，高效成事

做事分主次，先抓牛鼻子

一天，动物园管理员发现袋鼠从笼子里跑出来了，于是开会讨论，大家一致认为是笼子的高度过低。所以他们将笼子由原来的 10 米加高到 30 米。第二天，袋鼠又跑到外面来了，他们便将笼子的高度加到 50 米。这时，隔壁的长颈鹿问笼子里的袋鼠："他们会不会继续加高你们的笼子？"袋鼠答道："很难说。如果他们再继续忘记关门的话！"

事有"本末""轻重""缓急"，关门是本，加高笼子是末，舍本而逐末，当然不见成效了。与之类似，我们常常会看到这样的现象，一个人忙得团团转，可是当你问他忙些什么时，他却说

不出具体的问题来，只说自己忙死了。这样的人，就是做事没有条理性，一会儿做这一会儿做那，结果没一件事情能做好，不仅浪费时间与精力，更没见什么成效。

其实，无论在哪个行业、做什么事情，要见成效，做事过程的安排与进行次序非常关键。

有一次，苏格拉底给学生们上课。他在桌子上放了一个装水的罐子，然后从桌子下面拿出一些正好可以从罐口放进罐子里的鹅卵石。当着学生的面，他把石块全部放到了罐子里。

接着，苏格拉底向全体同学问道："你们说这个罐子是满的吗？"

学生们异口同声地回答说："是的。"

苏格拉底又从桌子下面拿出一袋碎石子，把碎石子从罐口倒下去，然后问学生："你们说，这罐子现在是满的吗？"

这次，所有学生都不作声了。

过了一会儿，班上有一位学生低声回答说："也许没满。"

苏格拉底会心地一笑，又从桌下拿出一袋沙子，慢慢地倒进罐子里。倒完后，再问班上的学生："现在再告诉我，这个罐子是满的吗？"

"是的！"全班同学很有信心地回答说。

不料，苏格拉底又从桌子旁边拿起一大瓶水，把水倒在看起来已经被鹅卵石、碎石子、沙子填满了的罐子里。然后又问："同学们，你们从我做的这个实验中得到了什么启示？"

话音刚落，一位向来以聪明著称的学生抢答道："我明白了无论我们的工作多忙，行程排得多满，如果要逼一下的话，还是可以多做些事的。"

苏格拉底微微笑了笑，说："你的答案也并不错，但我还要告诉你们另一个重要经验，而且这个经验比你说的可能还重要，它就是如果你不先将大的鹅卵石放进罐子里去，你也许以后永远没机会再把它们放进去了。"

通过这个故事，我们发现，做事前的规划非常重要。在行动之前，一定要懂得思考，把问题和工作按照性质、情况等分出轻重缓急，然后巧妙地安排完成和解决的顺序。这样才能收到事半功倍的成效。

这就是艾森豪威尔法则的明智之处。它告诉我们，做事前需要科学地安排，要事第一，先抓住牛鼻子，然后再依照轻重缓急逐步执行，一串串、一层层地把所有的事情拎起来，条理清晰，成效才能显著，不要眉毛胡子一把抓。再如前面动物园的例子，凡事都有本与末、轻与重的区别，千万不能做本末倒置、轻重颠倒的事情。

艾森豪威尔法则分类法

做任何事情，只有事前厘法清事情的条理，排定具体操作的先后顺序，一切才能流畅地进行，并取得良好的效果。

在这方面，艾森豪威尔法则给出了一些具体的方法，可以帮助我们根据自己的目标，确定事情的顺序。

这一原则将工作分为 5 个类别：

A：必须做的事情；

B：应该做的事情；

C：量力而为的事情；

D：可委托他人去做的事情；

E：应该删除的工作。

每天把要做的事情写在纸上，按以上 5 个类别将事情归类：

A：需要做；

B：应该做；

C：做了也不会错；

D：可以授权别人去做；

E：可以省略不做。

然后，根据上面归类，在每天大部分的时间里做 A 类和 B 类的事情，即使一天不能完成所有的事情，只要将最值得做的事情做完就好。

同样的道理，把自己 1 ~ 5 年内想要做的事情列出来，然后分为 A、B、C 三类：

A：最想做的事情；

B：愿意做的事情；

C：无所谓的事情。

接着，从 A 类目标中挑出 A1、A2、A3，代表最重要、次重要和第三重要的事情。

再针对这些 A 类目标，抄在另外一张纸上，列出你想要达成这些目标需要做的工作，接着将这份清单再分出 A、B、C 等级：

A：最想做的事情；

B：愿意做的事情；

C：做了也不会错的事情。

把这些工作放回原来的目标底下，重新调整结构，规划

步骤，接着执行。

上述方法又被称为六步走方法，即挑选目标、设定优先次序、挑选工作、设定优先次序、安排行程、执行。把这些培养成每天的习惯，长期坚持并贯彻下去，相信，无数个条理性的成功慢慢累积，将会使你拥有非常成功的人生。

现实生活中，很多时候，我们总觉得自己身边有"时间盗贼"，没做多少事情，一天就匆匆过去。忙忙碌碌，年复一年，成绩、业绩却寥寥无几。

有句老话说得好："自知是自善的第一步。"要想改变现状，首先要找出问题的根源。请你仔细地考虑一下，到底是什么偷走了你的时间？是什么让你日复一日地感到时间的压力？想明白这些问题，拿起笔和纸，按照艾森豪威尔法则，开始规划你的每一天，让时间不再像以往那样在不知不觉中被偷走。

奥卡姆剃刀定律：
把握关键，化繁为简

"简单"，真正的大智慧

近几年，随着人们认识水平的不断提高，"精兵简政""精简机构""删繁就简"等一系列追求简单化的观念在整个社会不断深入和普及。根据奥卡姆剃刀定律，这正是一种大智慧的体现。

如今，科技日新月异，社会分工越来越精细，管理组织越来越完善化、体系化和制度化，随之而来的，还有不容忽视的机械化和官僚化。于是，文山会海和繁文缛节便不断滋生。可是，国内外的竞争都日趋激烈，无论是企业还是个人，快与慢已经决定其生死。如同在竞技场上赛跑，穿着水泥做的靴子却想跑赢比赛，肯定是不可能的。因此，我们别无选择，只有脱掉水泥靴子，比别人更快、更有效率，领先一步，才能生存。换言之，就是凡事要简单化。

很多人会问："简单能为我们带来什么呢？"看了下面的例子，我们自然就会明白。

有人曾经请教马克·吐温："演说词是长篇大论好呢，还是短小精悍好？"他没有正面回答，只讲了一件亲身感受的事："有个礼拜天，我到教堂去，适逢一位传教士在那里用令人动容的语言讲述非洲传教士的苦难生活。当他讲了5分钟后，我马上决定对这件有意义的事捐助50元；他接着讲了10分钟，此时我就决定将捐款减到25元；最后，当他讲了1个小时后，拿起钵子向听众请求捐款时，我已经厌烦至极，1分钱也没有捐。"

在上面的例子中，我们发现，马克·吐温通过自身的经历，向求教者说明短小精悍的语言，其效果事半功倍；而冗长空泛的语言，不仅于事无益，反而有碍。

事实上，不仅语言如此，现实生活亦同样如此。这就要求我们要学会简化，剔除不必要的生活内容。这种简化的过程，就如同冬天给植物剪枝，把繁盛的枝叶剪去，植物才能更好地生长。每个园丁都知道不进行这样的修剪，来年花园里的植物就不能枝繁叶茂。每个心理学家都知道如果生活匆忙凌乱，为毫无裨益的工作所累，一个人很难充分认识自我。

为了发现你的天性，亦需要简化生活，这样才能有时间考虑什么对你才是重要的。否则，就会损害你的部分天资，而且极有可能是最重要的一部分。

那么，我们如何来实现这种简化呢？很简单，就是重新审视你所做的一切事情和所拥有的一切东西，然后运用奥卡姆剃刀定律，舍弃不必要的生活内容。

博恩·崔西是美国著名的激励和营销大师，他曾与一家大型公司合作。

该公司设定了一个目标：在推出新产品的第一年里实现 100 万件的销售量。该公司的营销精英们开了 8 个小时的群策会后，得出了几十种实现 100 万件销售量的方案。每一种方案的复杂程度都不同。这时，博恩·崔西建议他们在这个问题上应用奥卡姆剃刀定律。

他说："为什么你们只想着通过这么多不同的渠道，向这么多不同的客户销售数目不等的新产品，却不选择通过一次交易向一家大公司或买主销售 100 万件新产品呢？"

当时整个房间鸦雀无声，有些人看着博恩·崔西的表情就像在看一个疯子。然后有一名管理人员开口说话了："我知道一家公司，这种产品可以成为他们送给客户的非常好的礼物或奖励，而他们有几百万个客户。"

最后，根据这一想法，他们得到了一笔100万件产品的订单。他们的目标实现了。

可见，不论你正面临什么问题或困难，都应当思考这样一个问题："什么是解决这个问题或实现这个目标的最简单、最直接的方法？"你可能会发现一个简便的方法，为你实现同一目标节约大量的时间和金钱。记住苏格拉底的话："任何问题最可能的解决办法是步骤最少的办法。"正如奥卡姆剃刀定律所阐释的，我们不需要人为地把事情复杂化，要保持事情的简单性，这样我们才能更快、更有效率地将事情处理好。

与此相关的，还有一个非常有趣的故事：

日本一家大型化妆品公司收到客户投诉，买来的肥皂盒里面是空的。为了预防生产线再次发生这样的事情，工程师想尽办法发明了一台 X 光监视器去透视每一个出货的肥皂盒。同样的问题也发生在另一家小公司，其解决方法是买一台强力工业用电扇去吹每个肥皂盒，被吹走的便是没放肥皂的空盒。

面对同样的问题，两家公司采用的是两种截然不同的办法。无论从经济成本方面，还是资源消耗角度，相信第二种方案的优势都是不言而喻的。这个例子给了我们一个深刻的启示：如果有多个类似的解决方案，最简单的选择，就是最智慧的选择。

所以，在现实生活中，当遇到问题时，我们要勇敢地拿起"奥卡姆剃刀"，把复杂的事情简单化，以选择最智慧的解决方案。

剔掉复杂，切勿乱删

相传，有位科学家带着自己的一项研究成果请教爱因斯坦。爱因斯坦随意地看了一眼最后的结论方程式，就说："这个结果不对，你的计算有问题。"科学家很不高兴："你过程都不看，怎么就说结果不对？"爱因斯坦笑了："如果是对的，那一定是简单的，是美的，因为自然界的本来面目就是这样的。你这个结果太复杂了，肯定是哪里出了问题。"

这个科学家将信将疑地检查自己的推导，果然如爱因斯坦所言，结果不对。

也许你认为"奥卡姆剃刀"只存在于天才的身边，其实，它无处不在，只是有待人们把它拿起。当我们绞尽脑汁为一些问题烦恼时，试着摒弃那些复杂的想法，也许会立刻看到简单的解决方法。人生的任何问题，我们都可运用"奥卡姆剃刀"。"奥卡姆剃刀"是最公平的，无论科学家还是普通人，谁能有勇气拿起它，谁就是成功的人。

越复杂越容易拼凑，越简单就越难设计。在服装界有"简洁

女王"之称的简·桑德说："加上一个扣子或设计一套粉色的裙子是简单的，因为这一目了然。但是，对简约主义来说，品质需要从内部来体现。"她认为，简单不仅仅是摈除多余的、花哨的部分，避免喧嚣的色彩和烦琐的花纹，更重要的是体现清纯、质朴、毫不造作。

但需要注意的是，这里所谓的"简单"，不是乱砍一气，而是在对事物的规律有深刻的认识和把握之后的去粗取精，去伪存真。

正如一个雕刻家，能把一块不规则的石头变成栩栩如生的人物雕像，因为他胸中有丘壑。如果你抓不住重点，找不到要害，不知道什么最能体现内在品质，运用剃刀的结果只能是将不该删除的删除了。

所以，我们要合理地使用"奥卡姆剃刀"，不能盲目。例如，IBM 在电脑产品营销中具有得天独厚的优势，如其前 CEO 郭士纳所言，它们具有非常有优势的集成能力。然而，其广告宣传语却将这一点删掉了，留下推广小型电脑的宣传语。结果，IBM 自然未能凭这则广告获得区别于其他电脑的地位。可见，没有什么比删掉自己的优势更可悲的了。

所以，我们在使用"奥卡姆剃刀"时，要将其用在恰当的位置上，而不是盲目乱删。

墨菲定律：
与错误共生，迎接成功

———————

不存侥幸心理，从失败中汲取教训

众所周知，人类即使再聪明也不可能把所有事情都做到完美无缺。正如所有的程序员都不敢保证自己在写程序时不会出现错误一样，容易犯错误是人类与生俱来的弱点。这也是墨菲定律一个很重要的体现。

想取得成功，我们不能存有侥幸心理，想方设法回避错误，而是要正视错误，从错误中汲取经验教训，让错误成为我们成功的垫脚石。关于这一点，丹麦物理学家雅各布·博尔就是极好的证明。

一次，雅各布·博尔不小心打碎了一个花瓶，但他没有像一般人那样一味地悲伤叹惋，而是俯身精心地收集起了满地的碎片。

他把这些碎片按大小分类称出重量，结果发现10～100克的最少，1～10克的稍多，0.1克和0.1克以下的最多；同时，这些碎片的重量之间表现为统一的倍数关系，即较大块的重量是次大块重量的16倍，次大块的重量是小块重量的16倍，小块的重量是小碎片重量的16倍……

于是，他开始利用这个"碎花瓶理论"来恢复文物、陨石等不知其原貌的物体，给考古学和天体研究带来了意想不到的效果。

事实上，我们主要是从尝试和失败中学习，而不是从正确中学习。例如，超级油轮"卡迪兹"号在法国西北部的布列塔尼沿岸爆炸后，成千上万吨的油污染了整个海面及沿岸，于是石油公司才对石油运输的许多安全设施重加考虑。还有，在三里岛核反

应堆发生意外后，许多核反应工程安全设施都改变了。

可见，错误具有冲击性，可以引导人们考虑更多细节上的事情，只有多犯错，人们才会多进步。假如你工作的例行性极高，你犯的错误就可能很少。但是如果你从未做过此事，或正在做新的尝试，那么发生错误在所难免。发明家不仅不会被成千的错误击倒，而且会从中得到新创意。在创意萌芽阶段，错误是创造性思考必要的副产品。正如耶垂斯基所言："假如你想打中，先要有打不中的准备。"

现实生活中，每当出现错误时，我们通常的反应都是："真是的，又错了，真是倒霉啊！"这就是因为我们以为自己可以逃避"倒霉""失败"等，总是心存侥幸。殊不知，错误的潜在价值对创造性思考具有很大的作用。

人类社会的发明史上，就有许多利用错误假设和失败观念来产生新创意的人。哥伦布以为他发现了一条到印度的捷径，结果却发现了新大陆；开普勒发现的行星间引力的概念，却是偶然间由错误的理由得到的；爱迪生也是知道了上万种不能做灯丝的材料后，才找到了钨丝……

所以，想迎接成功，先放下侥幸心理，加强你的"冒险"力量。遇到失败，从中汲取经验，尝试寻找新的思路、新的方法。

从哪里跌倒，就从哪里爬起来

英国小说家、剧作家柯鲁德·史密斯曾说过："对于我们来说，最大的荣幸就是每个人都失败过，而且每当我们跌倒时都能爬起来。"成功者之所以成功，只不过是他不被失败左右而已。

1927 年，美国阿肯色州的密西西比河大堤被洪水冲垮，一个 9 岁的黑人小男孩的家被冲毁，在洪水即将吞噬他的一刹那，母亲用力把他拉上了堤坡。

1932 年，男孩 8 年级毕业了，因为阿肯色的中学不招收黑人，他只能到芝加哥就读，但家里没有那么多钱。那时，母亲做出了一个惊人的决定——让男孩复读一年，她给 50 名工人洗衣、熨衣和做饭，为孩子攒钱上学。

1933 年夏天，家里凑足了那笔费用，母亲带着男孩踏上火车，奔向陌生的芝加哥。在芝加哥，母亲靠当佣人谋生。男孩以优异的成绩读完中学，后来又顺利地读完大学。1942 年，他开始创办一份杂志，但最后一道障碍是缺少 500 美元的邮费，不能给客户发函。一家信贷公司愿借贷给他，但有个条件，得有一笔财产作为抵押。母亲曾分期付款好长时间买了一批新家具，这是她一生最心爱的东西，但她最后还是同意将家具作为抵押。

1943 年，那份杂志获得巨大成功。男孩终于能做自己梦想多年的事了——将母亲列入他的工资花名册，并告诉她，她算是退休工人，再不用工作了。母亲哭了，那个男孩也哭了。

后来，在一段反常的日子里，男孩经营的一切仿佛都坠入谷底，面对巨大的困难和障碍，男孩感到已无力回天。他心情忧郁地告诉母亲："妈妈，看来这次我真要失败了。"

"儿子，"她说，"你努力试过了吗？"

"试过。"

"非常努力吗？"

"是的。"

"很好。"母亲果断地结束了谈话，"无论何时，只要你努力尝试，就不会失败。"

果然，男孩渡过了难关，攀上了事业新的巅峰。这个男孩就是驰名世界的美国《黑人文摘》杂志创始人、约翰森出版公司总裁、拥有3家无线电台的约翰·H. 约翰森。

事实上，得失本来就不是永恒的，是可以相互转化的矛盾共同体。有一本杂志曾归纳出关于失败的优胜可能：

失败并不意味着你是一位失败者——失败只是表明你尚未成功。

失败并不意味着你一事无成——失败表明你得到了经验。

失败并不意味着你是一个不具灵活性的人——失败表明你有非常坚定的信念。

失败并不意味着你要一直受到压抑——失败表明你愿意尝试。

失败并不意味着你不可能成功——失败表明你也许要改变一下方法。

失败并不意味着你比别人差——失败只表明你还有缺点。

失败并不意味着你浪费了时间和生命——失败表明你有理由重新开始。

失败并不意味着你必须放弃——失败表明你还要继续努力。

失败并不意味着你永远无法成功——失败表明你还需要一些时间。

失败并不意味着命运对你不公——失败表明命运还有更好的给予。

那么，期待成功的你，不要再被一时的失败左右了，在哪里跌倒，就从哪里爬起来吧！

第二章

职场法则

蘑菇定律：

新人，想成蝶先破茧

职场起步，切勿过早锋芒毕露

众所周知，蘑菇长在阴暗的地方，得不到阳光，也没有肥料，自生自灭，只有长到足够高的时候才开始被人关注。

这种经历，对于成长中的职场年轻人来说，就像蛹，是化蝶前必须经历的一步。只有承受这些磨难，才能成为展翅的蝴蝶。初涉职场的新人，不仅要承受住"蘑菇"阶段的历练，还要注意不能过早地锋芒毕露。

有一位图书情报专业毕业的硕士研究生被分到上海的一家研究所，从事标准化文献的分类编目工作。

他认为自己是学这个专业的，比其他人懂得多，而且刚上班

时领导也以"请提意见"的态度对他。于是工作伊始，他便提出了不少意见，上至单位领导的工作作风与方法，下至单位的工作程序、机制与发展规划，都一一列举了现存的问题与弊端，提出了周详的改进意见。对此领导表面点头称是，其他人也不反驳，可结果呢，不但现状没有一点儿改变，他反倒成了一个处处惹人嫌的人，还被单位某个领导视为狂妄、骄傲之人，一年多竟没有安排他做具体活儿。

后来，一位同情他的老员工悄悄对他说："小王啊，你还是换个单位吧，在这儿你把所有的人都得罪了，别想有出息。"

于是，这位研究生闭上了嘴。一段时间后，他发觉所有的人都在有意无意地为难他，连正常的工作都没有人支持他，他只好

"炒领导的鱿鱼"，离开了。

临走时，领导拍着他的肩头说："太可惜了！我真不想让你走，我还准备培养你当我的接班人哩！"

那位研究生一边玩味着"太可惜"三个字，一边苦笑着离去。

在现实社会中，与这位研究生一样的年轻人并不少见。他们处世往往不留余地，锋芒毕露，有十分的才能与聪慧，就要表露出十二分。殊不知，职场有职场的规则，你如果想在职场有所作为，就要先适应这些规则，待实力壮大、羽翼丰满之后，再展露你的锋芒，否则，你一定会碰得头破血流，留下"壮志未酬身先死"的怨叹。

小说《一地鸡毛》中主人公小林夫妇都是大学生，很有事业心，努力、奋发，有远大的理想。二人志向高得连单位的处长、局长，社会上的大小机关都不放在眼里，刚刚工作就锋芒毕露。于是，两人初到单位，各方面关系都没处理好，而且因为一开始就留下了"伤疤"，后来的日子也经常是磕磕碰碰。说到底，夫妇俩都败给了自己的职场第一步。

中国有一个成语叫"大智若愚"，行走职场，你一定要学会做一个"愚人"，低调做人，这往往能让你以不变应万变。

做"蘑菇"该做的事，以智慧突破"蘑菇"境遇

曾有人说过这样一番话："一个人既然已经经历'蘑菇'的痛苦，哭也好，骂也好，对克服困难毫无帮助，只能挺住，你没有资格去悲观。因为，此时假如你自己不帮助自己，还有谁能帮助你呢？"

这番话说明了一个很重要的道理：正因身处"蘑菇"境遇，你得比别人更加积极。谁都知道，想做一个好"蘑菇"很难，如果只是一味地强调自己是"灵芝"，起不了多大作用，结果往往是"灵芝"未当成，连"蘑菇"也做不了了。

所以，你想要突破"蘑菇"的境遇，使自己从"蘑菇堆"里脱颖而出，在最开始就要做好"蘑菇"该做的事，用智慧去突破"蘑菇"境遇。

你要学会从工作中获得乐趣，而不仅仅是按照命令被动地工作。确立自己的人生观，根据你自己的做事原则，恰如其分地把精力投入工作中。要想让企业成为一个对你来说有乐趣的地方，只有靠你自己努力去创造、去体验。

身为新人，工作中你要注意礼貌问题。也许你觉得这样是在走形式，但正因为它已经形

式化了，所以你更需要做到，从而建立良好的人际关系。有这样一句话：礼貌这东西就像旅途使用的充气垫子，虽然里面什么也没有，却令人感觉舒适。

常言道："少说话，多做事。"这对新人更是适用。每一个刚开始工作的年轻人都要从最简单的工作做起。如果你在开始的工作中就满腹牢骚、怨气冲天，那么你对待工作就会草率行事，从而有可能导致发生错误；或者本可以做得更好，却没有做到，这会影响你在职场的发展。

毕业后一旦走向社会，会发现梦想与现实总是存在很大的差距。当你到了一个并不满意的公司，或者在某个不理想的岗位，做着也许很没劲甚至很无聊的工作时，肯定会产生前途茫然的感觉，如果收入又不理想，你肯定会郁闷万分，此时实际上就是蘑菇定律在考验你的适应能力。达尔文的话是最好的忠告，要想改变环境，必须先适应环境，别等环境来适应你。

时刻记住，人可以通过工作来学习，可以通过工作来获取经验、知识和信心。你对工作投入的热情越多，决心越大，工作效率就越高。当你抱有这样的热情时，上班就不再是一件苦差事，工作就会变成一种乐趣，就会有许多人聘请你做你喜欢做的事。

正如罗斯·金所言："只有通过工作，你才能保证精神的健康，在工作中进行思考，工作才是件愉快的事情。两者密不可分。"处于"蘑菇"阶段的年轻人，快沉下心来，以你的智慧与能力在职场破茧成蝶吧！

自信心定律：

出色工作，先点亮心中的自信明灯

丢掉第六份工作引发的职场思考

"难道我真的一无是处，是个没用的人？"刚刚失去第六份工作的李磊（化名）想起三年来工作中的点点滴滴，对自己彻底失去了信心。

他说，前几天刚被老板辞退，这已经是他毕业三年来的第六份工作了。他自己觉得，不自信是丢掉工作的主要原因。原来，一周前李磊到一家牙科诊所应聘，老板问他是什么学历，因为害怕老板嫌弃自己的学历低，李磊便谎称自己是本科学历，而实际上他是大专学历。本以为老板只是问问学历，没想到上班之后，老板要他拿出学历证书。再也瞒不过去的李磊只得向老板吐露了

实情，结果第二天老板就以"为人不诚实"为由将他辞退了。

"一家私人诊所可能也不会太在乎学历，我毕业三年了，有实践经验，这对老板来说可能比学历更为重要。"李磊很后悔当初不自信，没有对老板说实话。

李磊的经历给我们带来了深刻的启示，职场上，自信心对一个人很重要。要想老板看重你，首先要自己看重自己。

客观上来说，一个人有没有自信，源于对自己能力的认识。充满自信就意味着对自己信任、欣赏和尊重，意味着对工作胸有成竹、很有把握。

未来学家弗里德曼在《世界是平的》一书中预言"21世纪的核心竞争力是态度"。这就告诉我们，积极的心态是个人决胜未来最为根本的心理资本，是纵横职场最核心的竞争力。

所谓的积极心态，自信心当然是非常重要的一部分。一个失去自信的人，就是在否定自我的价值，这时思维很容易走向极端，并把一个在别人看来不值一提的问题放大，甚至坚定地相信这就是阻碍自己进步的唯一障碍，自然就很难有出类拔萃的成就了。

事实上，工作中若能时刻保持一种积极向上的自信心态，即使遇到自己一时无法解决的困难，也会保持一种主动学习的精神，而这种内在的、自发的主动进取，往往会让我们把事情做得更好。

美国成功学院对 1000 名世界知名成功人士进行了研究，结果表明，积极的心态决定了成功的 85%！对比一下身边的人和事，我们不难发现，很多自信的人工作起来都非常积极、有把握，并且取得了出色的工作业绩；而那些总认为"我不行""做不了""我就这水平了"的人，尽管有多年的工作经历，但工作始终没有什么起色。

所以，在职业生涯中，必须充满自信。自信心源自内心深处，具有让你不断超越自己的强大力量，它会让你毫无畏惧、战无不胜，使你工作起来更加积极。

自信飞扬，做职场冠军

在工作中，我们常会遇到这样的情况：挫折袭来，有的人始终不能产生足够的自信心，从而一蹶不振；有的人却能在焦虑和绝望后迅速产生强大的自信心，从而拼劲儿十足地实现目标。

其实，产生这种差异并不是完全由先天因素决定的，往往是因为前者平时不注重自信心的树立，后者却懂得经过长期的自我训练，增强自信心。

无论从事什么职业，自信都能给人以勇气，使你敢于战胜工作中的一切困难。工作上，谁都愿意自己出类拔萃，这就要求我们必须挑战人生，要挑战就必须以充满自信为前提，如果我们连自信心都没有，能做好什么事呢？

大家都知道毛遂自荐的故事，正因为毛遂有极强的自信心，所以才敢向平原君推荐自己，并最终出色地完成了任务。

美国思想家爱默生说："自信是煤，成功就是熊熊燃烧的烈火。"对于成功人士来说，自信心是必不可少的。据说，今日资本集团总裁徐新当初之所以选择投资网易，正是因为网易创始人丁磊的自信。

丁磊毕业于电子科技大学，毕业后被分配到宁波市电信局。这是一份稳定的工作，但向往更广阔的天地，自信的他从电信局辞职，"这是我第一次开除自己。有没有勇气迈出这一步，将是人生成败的一个分水岭"。

因为自信，丁磊在两年内三次跳槽，最终在 1997 年决定自立门户。后来，丁磊和徐新在广州一个狭小的办公室见面。徐新主动问他一些问题："网易在行业内的情况怎么样？"

"我们会是第一。"丁磊毫不犹豫地这么回答。客观上讲，1999 年初，网易刚向门户网站迈进，与新浪、搜狐相比，还只是一个刚刚崭露头角的小网站。

徐新当然知道当时的网易不是门户网的第一，但觉得丁磊很有上进心，而不是吹牛——是有实质的自信。她对丁磊说："我觉得企业家有这种精神是很重要的，你有这么一个理想跟雄心去做行业排头兵。我投的就是你的这个自信。"

通过丁磊的经历，我们可以肯定地说，充分的自信是创立事业、成就价值的重要素质。

既然自信心如此重要，那么，我们要怎样做才能树立自信心呢？

首先，在平时的工作中要不断地学习，不断地提升自己。阿基米德说过："给我一个支点和一根足够长的杠杆，我就能撬动整个地球。"有如此的自信，那是因为他深入掌握科学的原理。关

羽之所以敢独自一人去东吴赴会，是因为他深知自己的本领……正所谓"有了金刚钻，才敢揽瓷器活"。

其次，要有一定的耐心和毅力。有些事情不是一朝一夕就能做好的，需要我们持之以恒地努力。要用长远的目光看待目前遇到的困境，相信我们有能力去解决它，相信自己，最后的成功必定是我们的。

最后，不要总想着自己的缺点，要时刻告诉自己"我是最棒的""我是最优秀的"。每个人都有缺点，完美无缺的人是不存在的，对自身的缺点不要念念不忘。要知道，别人往往并不那么在意你的缺点。要相信自己，相信自己是最棒的、最优秀的。

青蛙法则:
居安思危，让你的职场永远精彩

─────────────

生于忧患，死于安乐

19 世纪末，美国康奈尔大学进行了一个有趣的实验。实验者将一只青蛙扔进一个沸腾的大锅里，青蛙一接触到沸水，便立即触电般地跳到锅外，死里逃生。实验者又把这只青蛙丢进一个装满凉水的大锅，任其自由游动，然后用小火慢慢加热。随着温度慢慢升高，青蛙并没有跳出锅去，而是被活活煮死。

"蛙未死于沸水而灭顶于温水"的结局，很是耐人寻味。若是锅中之蛙能时刻保持警觉，在水温刚热之时迅速跃出，也为时不晚，就不至于落得被煮死的结局。这就让我们想起了孟子曾说过的一句话："生于忧患，死于安乐。"

一个人如果丧失了忧患意识，那么，就会像被水煮的青蛙一样，在麻木中"死亡"。所以，在从初涉职场到工作干练的渐变过程中，我们要保持清醒的头脑和敏锐的感知，对新变化做出快速的反应。不要贪图享受，安于现状，否则当你意识到环境已经使自己不得不有所行动的时候，你也许会发现，自己早已错过了行动的最佳时机，等待你的只有失败。

漫漫职场路，我们都希望自己能一帆风顺，不希望遇到忧患与危机。但客观上讲，忧患与危机并不是什么可怕的魔鬼，当它们出现在我们面前时，往往能激发潜伏在我们生命深处的种种能力，并促使我们以非凡的意志做成平时不能做的大事。所以，与其在平庸中浑浑噩噩地生活，不如勇敢地承受外界的压力，过一种更有创造力的生活。

拿破仑在谈到他手下的一员大将马塞纳时曾说："平时，他的真面目是不会显现出来的，可当他在战场上看到遍地的伤兵和尸体时，那种潜伏在他体内的'狮性'就会在瞬间爆发，他打起仗来就会勇敢无比。"

再如拿破仑本人，如果年轻时没有经历过窘迫而绝望的生活，也就不可能造就他多谋刚毅的性格，他也就不会成为至今为人们所景仰的英雄人物。贫穷低微的出身、艰难困顿的生活、失望悲惨的境遇，不仅造就了拿破仑，还造就了历史上的许多伟人。例如，林肯若出生在一个富人家，顺理成章地接受了大学教育，他也许永远不会成为美国总统，也永远不会成为历史上的伟人。正是有了那种与困境做斗争的经历，使他们的潜能得以完全爆发，从而发现自己的真正力量。而那些生活在安逸舒适中的人，他们往往不需要付出太多努力，也不需要个人奋斗就能达到目的，所以，潜伏在他们身上的能量就会被"遗忘""湮没"。

有许多成功人士都把自己的成功归功于自己所经历的苦难和困境。如果没有苦难和困境的激励，也许他们只能挖掘出自己20%的才能，正因为有了这种强烈的刺激，他们另外80%的才能才得以发挥。

所以，身处今天快节奏、不断变化的社会，我们要懂得居安思危。要知道，危机并不代表灭亡，而恰恰可能是一种契机。我们经由这些危机，往往会发现自己真正的价值所在，激发出深藏于心的巨大力量，从而使人生更加精彩。

在自危意识中前进

我们都知道，未来是不可预测的，人也不可能天天走好运。正因为这样，我们更要有危机意识，要为此做好准备，以应付突如其来的变化。有了这种意识，或许不能让问题消弭，却可把损害降低，为自己打开生路。

一个国家如果没有危机意识，迟早会出问题；一个企业如果没有危机意识，迟早会垮掉；一个人如果没有危机意识，也肯定无法取得新的进步。

那么，我们具体该如何在竞争激烈的职场中提升自己的危机意识呢？下面，来看看闻名于世的波音公司的一个有趣做法。

波音公司以制造飞机闻名于世。为了提升员工的忧患意识，一次，公司别出心裁地摄制了一部模拟倒闭的电视片让员工观看。

在一个天空灰暗的日子，公司高高挂着"厂房出售"的招牌，扩音器传来"今天是波音公司时代的终结，波音公司关闭了最后一个车间"的通知，全体员工一个个都是垂头丧气地离开工厂……

这部电视片使员工受到了巨大震撼，强烈的危机感使员工们意识到只有全身心投入生产和革新中，公司才能生存，否则，今天的模拟倒闭将成为明天无法避免的事实。

看完模拟电视片后，员工们都以主人翁的姿态，努力工作，不断创新，使波音公司始终保持着强大的发展后劲。

事实上，波音公司的这种做法不仅对企业有深刻启示，对于行走职场的我们来说，同样具有一定的借鉴作用。

在工作中，我们也应该像波音公司的员工那样，时刻提醒自己只有全身心投入生产和革新中，公司才能生存，我们才有机会发展，否则，终将难逃被淘汰的命运。

当今社会的快节奏和激烈的竞争，令很多人在 35 岁时遇到这样一个困惑：为什么多年来我一事无成？接下来的岁月我应该做些什么？在机会面前，许多人不敢贸然决定。因为他们从心理上理解了人生的有限，而自己也开始重新衡量事业和家庭生活的价值，于是产生了职业生涯危机。这就是著名的"35岁危机论"。

罗伯特今年 35 岁，自言感觉过去对工作、对自己的认识似乎有错误，而自己长期养成的行为习惯好像变成了事

业的绊脚石。想改变自己，又不忍否定过去；想改变生活方式，又担心选择的并不是最适合自己的。两年前，他终于下定决心放弃了某公司副经理的职位，参加 MBA 考试并重回校园深造。

现在，完成学业的罗伯特在找工作时却犯了难。罗伯特业已投出上百份简历，但有回音者寥寥无几。罗伯特说，自己并不要求高起点的薪金，而只要求一个管理类的工作职位。然而他发现，"社会上已经人满为患"。

罗伯特曾读过一篇题目为《35 岁，你还会换工作吗》的文章，文中专家说："社会对 35 岁以上的求职者提出了较高的要求，必须通过不断学习和更新知识，提高自身竞争力。"对此罗伯特很纳闷：我正是为了完善自己才去学习的，为什么反而让社会把自己挤了出去呢？

其实，像罗伯特这种工作以后又重返课堂充电，充电后再找工作重新迎接社会的挑战，已不仅仅是 35 岁的人才会面临的境况。有人甚至感叹："不充电是等死，怎么充了电变成找死啦？"

最关键的一点是，我们要明白，人生的经历是积累的，不要以为学习充电后就无须面临社会"物竞天择，适者生存"的自然选择。以前的经历是你的宝贵财富，但这并不能让你在职场上永操胜券。千万不要有一劳永逸的期待，要时刻保持危机意识，告诉自己"一定要快跑，不够优秀在什么时候都会被淘汰"。

鸟笼效应：
埋头苦干要远离引人联想的"鸟笼"

远离让人欲罢不能的"鸟笼"，不让老板怀疑你

心理学家詹姆斯有一天与好友卡尔森打赌，说："我敢保证，不久后你会养一只小鸟！"卡尔森一听，觉得很荒唐，就笑着说："你在开玩笑吧？我从来就没有过这种想法。"

几天后，卡尔森过生日，朋友们都来为他庆祝。詹姆斯也来了，还带了一只精致的鸟笼作为生日礼物。

卡尔森接过鸟笼，想起几天前詹姆斯说的话，就会意地笑笑说："好你个詹姆斯，你还真想让我养鸟啊？可惜，最后你肯定会失望的。不过，还是要谢谢你的鸟笼，我很喜欢它。"说完便将鸟笼挂在了自己的书桌旁。

　　从此以后，来拜访卡尔森的客人，都会问他同一个问题："教授，您养的鸟死了吗？"而且每位客人与他谈话的时候，都会提一些与鸟相关的话题，比如告诉他养鸟的知识，委婉地规劝他养鸟需要责任心和爱心，还有养鸟时的一些注意事项等。每当此时，卡尔森就一遍一遍地向客人解释——他从未养过鸟，不过客人们都不相信，反而认为他心理出现了问题。

　　卡尔森百口莫辩，有苦难言。想扔了这鸟笼，又不舍得，它那么漂亮而且还是别人送的礼物；不扔这鸟笼，又惹出那么多恼人的猜测，莫须有的事端。想来想去，万般无奈之下，他只好沿着詹姆斯的预测走，买了一只鸟儿放在笼子里，这总比整天解释和被人误解好多了。

这就是著名的"鸟笼效应"，詹姆斯用他的心理学知识涮了好友一把。

其实，"鸟笼效应"在我们的生活、工作中会常常遇到。人们总是不自觉地在自己的心里先挂上一只"鸟笼"，再不由自主地往笼子里放"小鸟儿"。

人们大部分情况下很难亲眼看到事情的真相，所以很多事情，都会靠着常规思路进行推理。你认为努力工作的人就应该天天加班，而更多的人却觉得工作量正常还每天加班那就是为了占用公司的资源。不要给同事、老板留下这样的印象。

刘季是从一家小公司转过来的。在小公司的时候，公司的老板每天都加班到很晚，所以作为老板得力助手的刘季自然也就养成了每天加班的习惯。到了新公司后，刚刚熟悉业务，为了能更好地胜任自己的工作，他依然坚持着每天加班到很晚的习惯。可是这家公司的风气与以前的小公司不同，这里的员工和老板没有加班的习惯。所以，同事们发现刘季每天加班到很晚后，都感到很奇怪。每天的工作量也不大，上班时间完全可以完成，为什么他还要每天加班到很晚呢？同事们开始议论纷纷。"他是不是为了给自己家省点儿电，或者省点儿网费？""可能是为了晚上用公司的电话打私人电话。""也有可能是利用公司的资源干私活。"……很快，老板也知道了这件事。他的第一直觉也是这个人到底每天晚上加班到很晚是在搞什么"名堂"，是不是为了占用公司的资源。通常情况下，在工作量正常的时候，依然每天加班到很晚，很容易让人联想到这些，老板也不例外。刘季发觉了同事的议论后，还不以为然，但当他知道老板也在怀疑他时，他就再也不敢加班了。

不要给老板怀疑你的机会，不要给同事议论你的可能。要学会遵循所在公司的规则，这样你的职场生活才会一帆风顺。

加班和加薪升迁没关系

在职场规则中加班和加薪没关系。决定加薪的是你的能力。能力是最好的语言，业绩是最好的证明。只有具有扎实的本领，你才有发言权。否则无论你说再多，也是无用的。

职场，是用本领说话的地方。下面，我们来看一则关于本领的寓言。

动物们进行比赛，鼯鼠夸耀说自己会很多本领。比赛开始了，最先比的是飞行。一声哨响，老鹰、燕子、鸽子一下就飞得没影了，鼯鼠扑腾着飞了几丈远就落了下来，着地时还没站稳，摔了个嘴啃泥。赛跑比赛，兔子得了第一后，躺在树下睡了一觉醒来，鼯鼠才跌跌撞撞地跑到终点。游泳比赛，鼯鼠游到一半就游不动了，大声喊起救命来，多亏了好心的乌龟把它驮回岸上。比赛爬树时，鼯鼠还没爬到树顶就抱着树枝不敢再爬，顽皮的猴子爬到树顶后摘了果子往它头上扔，明知道它不敢用手去接，还故意说请它吃水果。和穿山甲比赛打洞，穿山甲一会儿就钻进土里不见了，鼹鼠吃力地刨啊刨，半天才钻进半个身子。观众见它撅着屁股怎么也进不去，都哄笑起来。

在工作中，如果没有真才实学，即便终日卖力地加班，也会像鼹鼠一样遭到大家的嘲笑。我们说得再好听，吹嘘得再花哨，没有能力，没有业绩，无论在领导面前，还是在同事面前，甚至在下属面前，仍然很难挺起腰杆儿。

14岁就到煤矿做工的斯蒂芬孙，在煤矿中从事的工作就是擦拭矿上抽水的蒸汽机。后来，他当上了煤矿的保管员，这使他有机会接触到更多的机器。

他感到，当时落后的运输工具已经不能适应正在迅速发展的煤矿业，于是他就想发明一种强有力的运输工具。

于是，他下决心努力学习文化。他都17岁了，却是个文盲，既然基础等于零，那就从零开始吧！他与启蒙的儿童一起在夜校的一年级就读。

为了更好地进行蒸汽机的研究，他步行了1500多里来到了改良了蒸汽机的瓦特的家乡做了长达一年的工。他在工作之余，就对蒸汽机构造的原理进行钻研，并运用自己所学的知识，开始进行"强有力的运输工具"的发明。

他经过一番呕心沥血的钻研，在1814年造出了第一台蒸汽机车。但是试车却失败了，他受到了诽谤和责难。他并没有因此而灰心，继续研究并对其加以改进。他于1825年9月27日在英国斯多克敦至达林敦的铁路上，对世界上第一台客货运蒸汽机车"旅行"号进行了成功的试车。人们热烈地庆贺火车的诞生。他于1829年10月驾驶着新制的"火箭"号参加了在利物浦附近举行的一次火车功率大赛，并获得了胜利。

斯蒂芬孙成功了，由于多年的努力与坚持不懈，自己的能力和本领在不断的实践中提升、完善。他的经历让我们更加清楚地看到——用本领说话才是最有力的。无独有偶，下面故事中的马克亦是如此。

马克起初只是德国一家汽车公司下属的一个制造厂的杂工，他在做好每一件小事中获得了成长，并在他32岁时成为该公司最年轻的总领班。

马克是在20岁时进入工厂的。工作一开始，他就对工厂的生产情形做了一次全盘的了解。他知道一部汽车由零件到装配出厂，大约要经过 13 个部门的合作，而每一个部门的工作性质都不相同。他主动要求从最基层的杂工做起。杂工不属于正式工人，也没有固定的工作场所，哪里有零活就要到哪里去。因为这项工作，马克才有机会和工厂的各部门接触，因此对各部门的工作性质有了初步的了解。在当了一年半的杂工之后，马克申请调到汽车椅垫部工作。不久，他就把制椅垫的手艺学会了。后来他又申请调到点焊部、车身部、喷漆部、车床部等部门去工作。在不到 5 年的时间里，他几乎把这个厂的各部门工作都做过了。最后，他又决定申请到装配线上去工作。马克的父亲对儿子的举动十分不解，他问马克："你工作已经 5 年了，总是做些焊接、刷漆、制造零件的小事，恐怕会耽误前途吧？"

马克笑着说："我并不急于当某一部门的小工头。我以能胜任领导整个工厂为工作目标，所以必须花点儿时间了解整个工作流程。我正在用现有的时间做最有价值的事，我要学的，不仅仅是一个汽车椅垫如何做，而是整辆汽车是如何制造的。"当马克确认自己已经具备管理者的素质时，他决定在装配线上崭露头角。马克在其他部门干过，懂得各种零件的制造情况，也能分辨零件的优劣，这为他的装配工作提供了不少便利。没有多久，他就成了装配线上最出色的人物。很快，他就晋升为领班，并逐步成为统管 15 位领班的总领班。如果一切顺利，他将在几年之内升到经理的位子。

故事中，马克说得很对，要"用现有的时间做最有价值的事"，加班与否都不重要，那只是形式，真正能托起你业绩的，不是你工作多少个小时，而是你的能力有多强，是否强到以高效率完成应该完成的工作。这是实力，也是本领。

做任何事情，不下一番功夫，就不会有所收获。每个人都希望自己在职场上占据优势地位，都希望自己能够加薪升迁。然而，仅仅有这种上进的思想是远远不够的，因为理想与现实之间的距离需要努力去弥补。只有掌握了扎实的本领，才能在工作中游刃有余。

鲁尼恩定律：

戒骄戒躁，做笑到最后的大赢家

气怕盛，心怕满，工作中要戒骄戒躁

有一天，孔子带着自己的学生去参观鲁桓公的宗庙。在宗庙里，他看到了一个形体倾斜、可用来装水的器皿。就向守庙的人询问："请告诉我，这是什么器皿？"守庙的人告诉他："这是欹器，是放在座位右边，用来警诫自己，如'座右铭'一般用来伴坐的器皿。"孔子一听，接着说："我听说这种器皿，在没有装水或装水少时就会歪倒；水装得适中，不多不少的时候就会是端正的；而水装得过多或装满了，它也会翻倒。"说完，扭头让学生们往里面倒水试试。学生们听后舀水来试，果然如孔子所说的。水装得适中时，它就是端正的；水装得过多或装满了，它就会翻倒；而

等水流尽了，里面空了，它就倾斜了。这时候，孔子长长地叹了口气说道："唉！世界上哪里会有太满而不倾覆翻倒的事物啊！"

我们的心也像这欹器，自我评价太低就会抬不起头做人，自我评价适中就会积极面对人生，自我评价过高就会四处碰壁。水满则溢，月满则亏。做人要有长远眼光，不能被一点儿小小的成就绊住了前进的脚步，而导致最后的失败。

张军和李静是大学同班同学，两个人一起应聘到一家公司工作。论实力，李静根本不是张军的对手。张军在计算机方面有超强的天赋，而李静恰巧又长了个"不开窍"的脑瓜，所以他们俩之间的差距就更大了。可是进公司半年后，李静却意外地比张军先升了职。

欹器

其实，这也不奇怪，正如"龟兔赛跑"一样，实力强的不一定最后就会赢。张军自恃能力很强，觉得在这样的公司根本不需要再学习和进修，他的聪明才智完全可以应付一切工作。不仅如此，他对待工作也是马马虎虎，觉得交给自己的工作有辱自己的智商。而李静则知道自己实力不行，所以工作后依然不断地继续学习深造，对于上级交代下来的每一项任务都认真对待，还乐于向身边的人请教。所以，出现李静先升职的现象是必然的。如果张军再不反省，还是那样的工作态度，那么最后可能会遭遇辞退的命运。哪个公司都不需要这种眼高手低、骄傲自大的员工。

气怕盛，心怕满。这是因为气盛就会凌人，心满就会不求上进。真正成功的人都极力做到虚怀若谷，谦恭自守。一个人成功的时候，还能保持清醒的头脑，不趾高气扬，那么他往往会取得更大的成功。

当迪普把议长之职让出来，以拥护林肯政府的时候，在一般人看来，由于他对党的贡献，不知该受到多么热烈的欢呼、称赞才好。他说："傍晚我当选为纽约州州长，一小时之后又被推选为上议院议员。不到第二天早晨，好像美国大总统的位置，便等不及让我到年纪就落到我头上了。"他用这种调侃，善意地批评了别人对他的夸大赞扬。虽然迪普那时很年轻，但是头脑却很清醒，并不因为别人对他的那种夸张的称赞而自高自大。即使在那时，他还是能保持他那种真正的伟大的特性——不因为别人的称赞而趾高气扬。

你能够承受得住突然的飞黄腾达么？要衡量一个人是否真正能有所成就，就要看他能否有这种承受能力。福特说："那些自以为做了很多事的人，便不会再有什么奋斗的决心。有许多人之所以失败，不是因为他们的能力不够，而是因为其觉得自己已经非常成功了。"他们努力过，奋斗过，战胜过不知多少的艰难困苦，凭着自己的意志和努力，使许多看起来不可能的事情都成了现实。然而他们取得了一点儿小小的成功，便经受不住考验了。他们懒惰起来，放松了对自己的要求，慢慢地下滑，最后跌倒了。在历史上，被荣誉和奖赏冲昏了头脑，而从此懈怠懒散下去，终至一无所成的人，不知有多少……

如果你的计划很远大，很难一下子完成。那么，在别人称赞你的时候，你就把现在的成功与你那远大的计划比较一下，相比将来的宏伟蓝图，你现在的成功还只是万里长征的第一步，根本不值得夸耀。这样一想，你就不会对眼前的一点儿小成就沾沾自喜了。

洛克菲勒在谈到他早年从事煤油业时，曾这样说道："在我的事业渐渐有些起色的时候，我每晚把头放在枕上睡觉时，总是这样对自己说：'现在你有了一点点成就，你一定不要因此自高自大，否则，你就会站不住，就会跌倒的。因为你有了小小的成功，便俨然以为是一个大商人了。你要当心，要坚持前进，否则你便会神志不清了。'我觉得我对自己进行这样亲切的谈话，对于我的一生都有很大的影响。我恐怕我受不住成功的冲击，便训练我自己不要为一些蠢思想所蛊惑，觉得自己有多么了不起。"

我们开始成功的时候，能够在成功面前保持平常心态，能够不因此而自大，这实在是我们的幸运。对于每次的成功，我们只能视其为一种新努力的开始。我们要在将来的光荣上生活，而不要在过去的冠冕上生活，否则终有一天会付出代价的。

执行到位，笑到最后

现代职场中，有很多企业的员工凡事得过且过，做事不到位，在他们的工作中经常会出现这样的现象：

——5％的人不是在工作，而是在制造矛盾，无事必生非＝破坏性地做；

——10％的人正在等待着什么＝不想做；

——20％的人正在为增加库存而工作＝"蛮做""盲做""胡做"；

——10％的人没有为公司做出贡献＝在做，但是负效劳动；

——40％的人正在按照低效的标准或方法工作＝想做，而不会正确有效地做；

——只有15％的人在正常工作，但绩效仍然不高＝做不好，做事不到位；

……

大多数人在按照低效的标准或方法工作，缺乏灵动的思维和智慧，永远忙乱，却永远到最后才完成任务。

越来越多的员工只管上班，不问贡献；只管接受指令，却不顾结果。他们沉不住气，得过且过，应付了事，将把事情做得"差不多"作为自己的最高准则；他们能拖就拖，无法在规定的时间内完成任务；他们马马虎虎、粗心大意、敷衍塞责……这些统统都是做事不到位的具体表现。

沉不住气，做事不到位，就会造成成本的增加，成本的增加意味着利润的降低。做事不到位的危害不仅仅在于此，在市场竞争空前激烈的今天，执行一旦不到位，就会让对手赢得先机，使自己处于被动的地位。

2002年，华为接受俄罗斯一家运营商的邀请，派遣几名技术员到莫斯科，要他们在短短的两个月内，在莫斯科开通华为第一个3G海外试验局。

但是受邀请的不只华为一家，第一个被邀请的是一家比华为实力更强的公司，也就是说，华为的员工是受邀前去调试的第二批技术人员。于是，他们就和第一批技术人员形成了一种"一对一"的竞争关系。

由于对手实力很强，一开始莫斯科运营商对华为的技术人员并不是很重视，不仅没有为他们提供核心网机房，甚至不同意他们使用运营商内部的传输网。缺乏这些必要的基础设施，华为的技术员开展工作时受到了很大的阻碍。因此，华为的员工压力很大，他们一直在思考怎样才能做得更好，以赢得运营商的信任。但眼看到了业务演示的环节，华为的技术人员以为已经没有希望了。

不料，恰好这时候，对方的技术人员在业务演示中出现了一些小漏洞，引起了运营商的不满。为了弥补这些小漏洞，运营商决定将华为的设备作为后备。

于是，华为的几位员工紧紧抓住这个机会，夜以继日地投入工作中，最终向运营商完美地演示了他们的 3G 业务。

看完演示之后，运营商竖起了大拇指，立刻决定将华为的 3G 设备从备用升级为主用。

可见，执行到位关系到成败。执行到位，能够技压群雄；执行不到位，则可能前功尽弃、功亏一篑。

有一天，刘墉和女儿一起浇花。女儿很快就浇完了，准备出去玩，刘墉叫住了她，问："你看看爸爸浇的花和你浇的花有什么不一样？"

女儿看了看，觉得没有什么不一样。

于是，刘墉将女儿浇的花和自己浇的花都连根拔了起来。女儿一看，脸就红了，原来爸爸浇的水都浸透到根上，而自己浇的水只是将表面的土淋湿了。

刘墉语重心长地教育女

儿，做事不能做表面功夫，一定要做彻底，做到"根"上。

其实，执行就和浇花一样，如果沉不住气，只是简单地做事，不用心、不细致，不看结果，敷衍了事，那就等于在浪费时间，做了跟没做一样。

在工作中，要有一个长远的规划，不能为达成一个小目标，或一时得到了上级的认可，就骄傲自满，停滞不前，这样你很快就会被别人甩在后面，被职场淘汰。现在的职场，时刻充满着竞争。你不进步，就是在退步；你停滞不前，别人就会赶超过你。所以，不要满足于一时的成绩，要有一个大的方向、大的目标，不断前进。但也不要为一时的失败而气馁，要知道笑到最后才最美。

赢得成功，应当自觉戒除糊弄工作的错误态度，沉住气，为自己的工作树立标准，严格地落实到最后一个环节，不要认为事情快完成了就掉以轻心、马虎了事，而要确保每一环节都能严格落实到位。只有静下心来，以细致、认真的态度，戒骄戒躁，踏实做好每一项任务，我们才能保证执行的效果，才能为企业交上满意的答卷。

所以，无论你天资如何，无论你有多大的缺陷，决定你输赢的都不是这些，而是你是否能永远清醒地认识自己，是否能做到戒骄戒躁。在跑步时，跑得快的不一定赢；没到最后一刻，都无法定输赢。只有笑到最后的人，才是真正的赢家。所以，不懈地努力吧！

链状效应：
想叹气时就微笑

离职场抱怨远一点儿

　　有些人心胸不够宽大，对一些事情总是放不开，喜欢怨天尤人。如果你总和这样的人在一起的话，那么久而久之，你也会变成一个爱抱怨的人。这就是链状效应。所以，如果你不想变成一个"唠叨鬼"、一个"抱怨精"的话，那么就离那些爱抱怨的人远一点儿。

　　在职场上，更是如此。如果有爱抱怨的同事，你千万要躲他远一些。因为你不能为他解决任何问题，听他抱怨除了自找麻烦外，只能让自己的心情也变得很糟。而你本人，也千万不要对你的同事抱怨，特别是工作上的事情。如果你抱怨多了，除了自失尊严外，还会让同事对你避之唯恐不及。谁也不希望别人的消极情绪影响自己的好心情，所以想抱怨的时候，就微笑；有同事向你抱怨的时候，就一笑而过。

身在职场，不要把自己糟糕的形象展现在同事面前，这样只会让他们觉得你很无能。不要抱怨工作辛苦，不要抱怨自己多干了活，更不要抱怨老板苛刻。办公室就是用来办公的地方，不是让你诉苦的场所。心中的委屈，留着给密友说，或者干脆把它变成一种前进的动力，督促自己更加努力地工作。化干戈为玉帛，化戾气为祥和。你也要化抱怨为动力，微笑面对自己的工作。

娄小明是公司刚从一家大企业挖来的人才。到公司后，很受部门领导的器重。他学识渊博、才思敏捷，同事们也很佩服他。有一次，总公司有一个出国深造的机会，让有资格去的人每人写份申请并附带一份深造计划交到总部。娄小明的部门只有他和张小军符合条件，于是他俩就提交了申请和计划。可是每个部门只有一个出国深造的名额，两个人的实力都很强，资格也都够，领导就开会讨论让谁去比较合适。最后，讨论的结果是让张小军去。这让娄小明很不甘心，自己一点儿也不比张小军差，如果有差别的话，就是张小军是老总的亲戚，而自己不是。于是，他一有机会就向同事抱怨这件事，抱怨公司的领导如何不公正、自己的遭遇如何的令人气愤，等等。他每次抱怨完都觉得心情很舒畅，而且认为同事们会和自己站在同一条战线上，替自己打抱不平。结果却不像他想的那样。张小军比他来公司的时间长，也很平易近人，与其他同事的关系都不错。娄小明越是抱怨，同事们就越觉得张小军比娄小明的气量大，比他有担当。娄小明的抱怨直接地损害了自己的形象，却间接地提升了张小军的人气。于是，同事们对待娄小明的态度越来越冷淡，再没人觉得他是什么人才。娄小明自己也发现了这一变化，细想后才发现，这都是自己爱抱怨惹的祸，把自己原来的光环和神秘全都打破了，还给同事留下一个心胸狭窄的印象，而自己不能出国的事实一点儿也没有改变。

怨天尤人，一点儿益处也没有。对你的工作不会有任何帮助，还会让别人看低你。所以，在办公室里，就要把自己消极的情绪锁起来，永远呈现出积极阳光、精明能干的一面，这才会赢得别人的尊重、领导的器重，工作才会顺利。

停止抱怨，反思自己

无论是老板还是同事，与你合作是希望你来解决问题，而不是听你抱怨。做好工作是你的本职，抱怨只能让人讨厌。如果你不能认识到这一点，你的麻烦就来了。

"烦死了，烦死了！"一大早就听到王宁不停地抱怨，一位同事皱皱眉头，不高兴地嘀咕着："本来心情好好的，被你一吵也烦了。"王宁现在是公司的行政助理，事务繁杂，是有些烦，可谁叫她是公司的管家呢，事无巨细，不找她找谁？

其实，王宁性格开朗外向，工作认真负责。虽说牢骚满腹，该做的事情，一点儿也不曾怠慢。维护设备，购买办公用品，交通信费，买机票，订客房……王宁整天忙得晕头转向，恨不得长出八只手来。再加上为人热情，中午懒得下楼吃饭的人还请她帮忙叫外卖。

刚交完电话费，财务部的小李来领胶水，王宁不高兴地说："昨天不是刚来过吗？怎么就你事情多，今儿这个、明儿那个的？"抽屉开得噼里啪啦，翻出一个胶棒，往桌子上一扔，"以后东西一起领！"小李有些尴尬，又不好说什么，忙赔笑脸说："你看你，每次找人家报销都叫'亲爱的'，一有点儿事求你，脸马上就长了。"

大家正笑着呢，销售部的王娜风风火火地冲进来，原来复印机卡纸了。王宁脸上立刻晴转多云，不耐烦地挥挥手："知道了。烦死了！和你说一百遍了，先填保修单。"单子一甩，"填一下，我去看看。"王宁边往外走边嘟囔："综合部的人都死光了，什么事情都找我！"对桌的小张气坏了："这叫什么话啊？我招你惹你了？"

态度虽然不好，可整个公司的正常运转真是离不开王宁。虽然有时候被她抢白得下不来台，也没有人说什么。怎么说呢？她应该做的不都尽心尽力做好了吗？可是，那些"讨厌""烦死了""不是说过了吗"……实在是让人不舒服。特别是同办公室的人，王宁一叫，他们头都大了。"拜托，你不知道什么叫情绪污染吗？"这是大家的一致反应。

年末的时候公司民意选举先进工作者，大家虽然都觉得这种活动老套可笑，暗地里却都希望自己能榜上有名。奖金倒是小事，谁不希望自己的工作得到肯定呢？领导们认为先进非王宁莫属，可一看投票，50多张选票，王宁只得12张。

有人私下说："王宁是不错，就是嘴巴太厉害了。"

王宁很委屈："我累死累活的，却没有人体谅……"

抱怨的人常常不受欢迎。抱怨就像用烟头烫破一个气球一样，让别人和自己泄气。谁都恐惧牢骚满腹的人，怕自己也受到传染。抱怨除了让你丧失勇气和朋友，对解决问题毫无帮助。其实，抱怨别人不如反思自己。

小王刚参加工作时，和公司其他的业务员一样，拿很低的底

薪和很不稳定的提成，每天的工作都非常辛苦。当他拿着第一个月的工资回到家，向父亲抱怨说："公司老板太抠门了，给我们这么低的薪水。"慈祥的父亲并没有问具体薪水，而是问："这个月你为公司创造了多少财富？你拿到的与你给公司创造的是不是相称呢？"

从此，他再也没有抱怨过，既不抱怨别人，也不抱怨自己。更多的时候只是感觉自己这个月做的成绩太少，对不起公司给的工资，进而更加勤奋地工作。两年后，他被提升为公司主管业务的副总经理，待遇提高了很多，他时常考虑的仍然是"今年我为公司创造了多少"。

有一天，他手下的几个业务员向他抱怨："这个月在外面风吹日晒，吃不好，辛辛苦苦，老板才给我们1500元！你能不能跟老板建议给增加一些？"他问业务员："我知道你们吃了不少苦，应该得到回报，可你们想过没有，你们这个月每人给公司只赚回了2000元，公司给了你们1500元，公司得到的并不比你们多。"

业务员都不再说话。以后的几个月，他手下的业务员成了全公司业绩最优秀的业务员，他也被老总提拔为常务副总经理，这时他才27岁。去人才市场招聘时，凡是抱怨以前的老板没有水平、给的待遇太低的人他一律不要。他说，持这种心态的人，不懂得反思自己，只会抱怨别人。

没有任何一家公司喜欢爱抱怨的员工，也没有任何一个人愿意同爱抱怨的人打交道。抱怨只能使人讨厌。即使别人看上去无动于衷，其实内心深处早已将抱怨的人列为不受欢迎的对象。作为职场人士，要想避免成为爱抱怨的人，就必须清醒地认识到下面这些现实：

（1）抱怨解决不了任何问题。分内的事情你可以逃过不做么？既然不管心情如何，工作迟早还是要做，那何苦叫别人心生芥蒂呢？有发牢骚的工夫，还不如动脑筋想想：事情为什么会这样？我所面对的现实与我所预期的愉快工作有多大的差距？怎样才能如愿以偿？

（2）发牢骚的人没人缘。没有人喜欢和一个絮絮叨叨、满腹牢骚的人在一起。再说，太多的牢骚只能证明你缺乏能力，无法解决问题，才会将一切不顺利归于种种客观因素。若是你的上司见你整天发牢骚，他恐怕会认为你做事太被动，不足以托付重任。

（3）冷语伤人。同事只是你的工作伙伴，而不是你的兄弟姐妹，就算你句句有理，谁愿意洗耳恭听你的指责？每个人都有不如意的事，凭什么对你的冷言冷语一再宽容？很多人会介意你的态度。

（4）重要的是行动。把所有不满意的事情罗列一下，看看是制度不够完善，还是管理存在漏洞。公司在运转过程中，不可能百分之百地没有问题。那么，快找出来，解决它。如果是职权范围之外的，最好与其他部门协调，或是上报公司领导。请相信，只要你有诚意，没有解决不了的问题。当然，如果你尽力了，还是无法力挽狂澜，那么也尽快停止抱怨吧，不妨换个工作。

第三章

人际规律

首因效应：
先入为主的第一印象

从破格录用想到的

《三国演义》中，凤雏庞统起初准备效力东吴，于是去面见孙权。孙权见庞统相貌丑陋、傲慢不羁，无论鲁肃怎样苦言相劝，最后，还是将这位与诸葛亮比肩齐名的奇才拒于门外。为什么会这样呢？是庞统无能，还是孙权根本不需要帮手呢？其实，造成这样的后果仅仅是因为庞统没能给孙权留下良好的"第一印象"。

如今，大家都认为工作不好找，尤其是刚毕业的人。其实，如果把握好求职时的第一印象，效果往往会出乎意料。

一个新闻系的毕业生正急于找工作。一天，他到某报社对总编说："你们需要一个编辑吗？"

"不需要！"

"那么记者呢？"

"不需要！"

"那么排字工人、校对呢？"

"不，我们现在什么空缺也没有了。"

"那么，你们一定需要这个东西。"说着他从公文包中拿出一块精致的小牌子，上面写着："额满，暂不雇用。"总编看了看牌子，微笑

着点了点头，说："如果你愿意，可以到我们广告部工作。"

这个大学生通过自己制作的牌子，表现了自己的机智和乐观，给总编留下了良好的第一印象，引起对方极大的兴趣，从而为自己赢得了一份满意的工作。这也是为什么当我们进入一个新环境，参加面试，或与某人第一次打交道的时候，常常会听到这样的忠告："要注意你给别人的第一印象！"

也许你会好奇，第一印象真的有那么重要，以至于在今后很长时间内都会影响别人对你的看法吗？心理学家曾做了这样一个

实验：

心理学家设计了两段文字，描写一个叫吉姆的男孩一天的活动。其中，一段将吉姆描写成一个活泼外向的人，他与朋友一起上学，与熟人聊天，与刚认识不久的女孩打招呼等；另一段则将他描写成一个内向的人。

研究者让一些人先阅读描写吉姆外向的文字，再阅读描写他内向的文字；而让另一些人先阅读描写吉姆内向的文字，后阅读描写他外向的文字，然后请所有的人都来评价吉姆的性格特征。

结果，先阅读外向文字的人中，有78%的人评价吉姆热情外向；而先阅读内向文字的人中，则只有18%的人认为吉姆热情外向。

由此可见，第一印象真的很重要！事实上，人们对你形成的某种第一印象，往往日后也很难改变。而且，人们还会寻找更多的理由去支持这种印象。有的时候，尽管你的表现并不符合原先留给别人的印象，但人们在很长一段时间里仍然要坚持对你的最初评价。例如，一对结婚多年的夫妻，最清晰难忘的，是初次相逢的情景，在什么地方，什么情景，站的姿势，开口说的第一句话，甚至窘态和可笑的样子都记得清清楚楚，终生难忘。

成功打造第一印象

了解了第一印象的重要性，现在我们来谈谈应该怎样给人留下良好的第一印象。

通常，第一印象包括谈吐、相貌、服饰、举止、神态，对于感知者来说这些都是新的信息，它对感官的刺激也比较强烈，有一种新鲜感。这好比在一张白纸上，第一笔抹上的色彩总是十分清晰、深刻一样。随着后来接触的增加，各种基本相同的信息的刺激，也往往盖不住初次印象的鲜明性。所以，第一印象的客观重要性还是显而易见的，并在以后的交往中起了"心理定式"作用。

如果你与人初次见面就不言不语、反应缓慢，给人的第一印象基本就是呆板、不热情，对方就可能不愿意继续了解你，即使你尚有许多优点，也不会被人接受；而如果你给人留下的第一印象是风趣、直率、热情，即使你身上尚有一些缺点，对方也愿意与你交往。

一般来说，想给他人留下良好的第一印象，必须要牢记以下5点：

1. 显露自信和朝气蓬勃的精神面貌

自信是人们对自己的才干、能力、个人修养、文化水平、健康状况、相貌等的一种自我认同和自我肯定。一个人要是走路时步伐坚定，与人交谈时谈吐得体，说话时双目有神，目光正视对方，善于运用眼神交流，就会给人以自信、可靠、积极向上的感觉。

2. 讲信用，守时间

现代社会，人们对时间愈来愈重视，往往把不守时和不守信用联系在一起。若你第一次与人见面就迟到，可能会造成难以弥补的损失，最好避免。

3. 仪表、举止得体

脱俗的仪表、高雅的举止、和蔼可亲的态度等是个人品格修养的重要部分。在一个新环境里，别人对你还不完全了解，过分随便有可能引起误解，产生不良的第一印象。当然，仪表得体并不是非要用名牌服饰包装自己，更不是过分地修饰，因为这样反而会给人一种轻浮浅薄的印象。

4. 微笑待人，不卑不亢

第一次见面，热情地握手、微笑、点头问好，都是人们把友好的情意传递给对方的途径。在社会生活中，微笑已成为典型的人性特征，有助于人们之间的交往和友谊。但与别人第一次见

面，笑要有度，不停地笑有失庄重；言行举止也要注意交际的场合，过度的亲昵举动，难免有轻浮油滑之嫌，尤其是对有一定社会地位的朋友，不应表露巴结讨好的意思。趋炎附势的行为不仅会引起当事人的蔑视，连在场的其他人也会瞧不起你。

5. 言行举止讲究文明礼貌

语言表达要简明扼要，不乱用词语；别人讲话时，要专心地倾听，态度谦虚，不随便打断；在听的过程中，要善于通过身体语言和话语给对方以必要的反馈；不追问自己不必知道或别人不想回答的事情，以免给人留下不好的印象。

刺猬法则:

与人相处,距离产生美

我们都需要一定的"距离"

生物学家曾做过一个实验:冬季的一天,把十几只刺猬放到户外空地上。这些刺猬被冻得浑身发抖,为了取暖紧紧地靠在一起,而相互靠拢后,它们身上的长刺又把同伴刺疼,很快大家就分开了。但寒冷又迫使大家再次围拢,疼痛又迫使大家再次分离。如此反复多次,它们终于找到了一个较佳的位置——保持一个忍受最轻微疼痛又能最大程度取暖御寒的距离。其实,人与人之间亦是如此，良好交际需要保持适当的距离。

下面，我们先来做一个小小的选择题：

你要坐公交车出去玩，上车后你发现只有最后一排还有 5 个座位，走在你前面的两个人，一个选了正中间的座位，一个选了最右侧靠窗子的座位。剩下 3 个座位中，一个在前两个人之间，两个在中间人与最左侧的窗户之间。这时，你会坐在哪里呢？

想必，你多半会选择最左侧窗户的座位，而不是紧挨着两个人中的任何一位坐下。不要好奇，这是因为人与人之间，也像前面讲的刺猬那样，彼此需要一定的距离。

这种距离，有时是环绕在人体四周的一个抽象范围，用眼睛没法看清它的界限，但它确确实实存在，而且不容他人侵犯。

例如，无论在拥挤的车厢里，还是电梯内，你都会在意他人与自己的距离。当别人过于接近你时，你可以通过调整自己的位置来逃避这种接近的不快感；但是空间里挤满了人无法改变时，你只好以对其他乘客漠不关心的态度来忍受心中的不快，所以看上去神态木然。

关于这方面，一位心理学家曾做过这样一个实验：

在一个刚刚开门的阅览室，当里面只有一位读者时，心理学家进去拿了把椅子，坐在那位读者的旁边。实验进行了整整 80 个人次。结果证明，在一个只有两位读者的空旷的阅览室里，没有一个被试者能够忍受一个陌生人紧挨着自己坐下。当他坐在那些读者身边后，被试者不知道这是在做实验，很多人选择默默地远离，到别处坐下，甚至还有人干脆明确表示："你想干什么？"

这个实验向我们证明了，任何一个人，都需要在自己的周围有一个自己可以把握的自我空间，如果这个自我空间被人触犯，就会感到不舒服、不安全，甚至恼怒起来。

所以，我们在现实生活中，在人际交往中，一定要把握适当的交往距离，就像前面互相取暖的刺猬那样，既互相关心，又有各自独立的空间。

交际中的距离学问

既然距离在人际交往中如此重要，那么，究竟保持多远的距离才合适呢？一般而言，交往双方的人际关系以及所处情境决定着相互间自我空间的范围。

美国人类学家爱德华·霍尔博士划分了4种区域或距离，各种距离都与双方的关系相称。

1. 亲密距离

所谓"亲密距离"，即我们常说的"亲密无间"，是人际交往中的最小间隔，其近范围在约15厘米之内，彼此间可能肌肤相触、耳鬓厮磨，以致相互能感受到对方的体温、气味和气息；其远范围是15～44厘米，身体上的接触可能表现为挽臂执手，或促膝谈心，仍体现出亲密友好的人际关系。

这种亲密距离属于私下情境，只限于在情感联系上高度密切的人之间使用。在社交场合，大庭广众之下，两个人（尤其是异性）如此贴近，就不太雅观。在同性别的人之间，往往只限于贴心朋友，彼此十分熟识而随和，可以不拘小节，无话不谈；在异性之间，只限于夫妻和恋人之间。因此，在人际交往中，一个不属于这个亲密距离圈子内的人随意闯入这一空间，不管他的用心如何，都是不礼貌的，会引起对方的反感，也会自讨没趣。

2.个人距离

这是人际间隔上稍有分寸感的距离，较少有直接的身体接触。个人距离的近范围为44～76厘米，正好能相互亲切握手，友好交谈。这是与熟人交往的空间，陌生人进入这个范围会构成

交际中的距离

对别人的侵犯。个人距离的远范围是 76 ～ 122 厘米，任何朋友和熟人都可以自由地进入这个空间。不过，在通常情况下，较为融洽的熟人之间交往时保持的距离更靠近远范围的近距离（76 厘米）一端，而陌生人之间谈话则更靠近远范围的远距离（122 厘米）一端。

人际交往中，亲密距离与个人距离通常都是在非正式社交情境中使用，在正式社交场合则使用社交距离。

3. 社交距离

这个距离已超出了亲密或熟人的人际关系，而是体现出一种社交性或礼节上的较正式关系。其近范围为 1.2 ～ 2.1 米，一般在工作环境和社交聚会上，人们都保持这种程度的距离；社交距离的远范围为 2.1 ～ 3.7 米，表现为一种更加正式的交往关系。

例如，公司的经理们常用一个大而宽阔的办公桌，并将来访者的座位放在离桌子一段距离的地方，这就是为了与来访者谈话时能保持一定的距离。还有，企业或国家领导人之间的谈判、工作招聘时的面谈、教授和大学生的论文答辩等，往往都要隔一张桌子或保持一定距离，这样就增加了一种庄重的气氛。

4. 公众距离

通常，这个距离指公开演说时演说者与听众所保持的距离。其近范围为约 3.7 ～ 7.6 米，远范围在 7.6 米之外。这是一个几乎能容纳一切人的"门户开放"的空间，人们完全可以对处于空间内的其他人"视而不见"、不予交往，因为相互之间未必发生一定的联系。因此，这个空间的活动，大多是当众演讲之类，当演讲者试图与一个特定的听众谈话时，他必须走下讲台，使两个人的距离缩短为个人距离或社交距离，才能够实现有效沟通。

当然了，人际交往的空间距离不是固定不变的，它具有一定的伸缩性，这依赖于具体情境、交谈双方的关系、社会地位、文化背景、性格特征、心境等。

了解了交往中人们所需的自我空间及适当的交往距离，我们就能够有意识地选择与人交往的最佳距离；而且，通过空间距离的信息，还可以很好地了解一个人的实际社会地位、性格以及人们之间的相互关系，更好地进行人际交往。

投射效应：
人心各不同，不要以己度人

___

为何会有"以小人之心，度君子之腹"的心结

宋代著名学者苏东坡和佛印和尚是好朋友，一天，苏东坡去拜访佛印，与佛印相对而坐，苏东坡对佛印开玩笑说："我看你是一堆狗屎。"而佛印则微笑着说："我看你是一尊金佛。"苏东坡觉得自己占了便宜，很是得意。回家以后，苏东坡得意地向妹妹提起这件事，苏小妹说："哥哥你错了。佛家说'佛心自现'，你看别人是什么，就表示你看自己是什么。"

也许你会一笑而过，但苏小妹的话确实是有道理的。

你可能要问苏小妹的话为何有道理。从心理学角度来看，她正好指出了人喜欢把自己的想法投射到他人身上的投射效应。俗

语说的"以小人之心，度君子之腹"心结，讲的就是小人总喜欢用自己卑劣的心意去猜测品行高尚的人。

与之类似，曾有这样一个有趣的笑话：

一天晚上，在漆黑偏僻的公路上，一个年轻人的汽车抛了锚——汽车轮胎爆了。

年轻人下车翻遍了工具箱，也没有找到千斤顶。怎么办？这条路很长时间都不会有车子经过。他远远望见一座亮灯的房子，决定去那户人家借千斤顶。可是他又有许多担心，在路上，他不停地想：

"要是没有人来开门怎么办？"

"要是没有千斤顶怎么办？"

"要是那家伙有千斤顶，却不肯借给我，该怎么办？"

……

顺着这种思路想下去，他越想越生气。当走到那间房子前，敲开门，主人一出来，他冲着人家劈头就是一句："你那千斤顶有什么稀罕的！"

主人一下子被弄得丈二和尚摸不着头脑，以为来的是个精神病人，就"砰"的一声把门关上了。

笑声中我们不难发现，这个年轻人，错就错在把自己的想法投射到了主人的身上。

在人际交往中，认识和评价别人的时候，我们常常免不了要受自身特点的影响，我们总会不由自主地以自己的想法去推测别人的想法，觉得既然我们这么想，别人肯定也这么想。例如，贪婪的人，总是认为别人也都嗜钱如命；自己经常说谎，就认为别人也总是在骗自己；自己自我感觉良好，就认为别人也都认为自己很出色……

1974 年，心理学家希芬鲍尔曾做了这样一个实验：

他邀请一些大学生作为被试者，将他们分为两组。给其中一组学生放映喜剧电影，让他们心情愉快；而给另外一组学生放映恐怖电影，让他们产生害怕的情绪。然后，他又给这两组学生看相同的一组照片，让他们判断照片上人的面部表情。

结果，看了喜剧电影心情愉快的那组大学生判断照片上的人也是开心的表情，而看了恐怖电影心情紧张的那组大学生则判断照片上的人是紧张害怕的表情。

这个实验说明，被试的大部分学生将照片上人物的面部表情视为自己的情绪体验，即将自己的情绪投射到他人身上。

其实，投射效应的表现形式除了将自己的情况投射到别人身上外，还有另一种表现——感情投射。即对自己喜欢的人或事物越看越喜欢，越看优点越多；对自己不喜欢的人或事物越看越讨厌，越看缺点越多。这种情况多发生在恋爱期间，如在热恋时人们喜欢在周围人面前吹嘘自己的另一半如何完美无缺；一旦失恋，对对方的憎恨之情溢于言表，并言过其实。

所以，知道了投射效应在人际交往的过程中会造成我们对其他人的知觉失真，我们就要在与人交往的过程中保持理性，避免受这种效应的不良影响。

辩证走出"投射效应"的误区

　　对任何事物我们都应辩证地去看。没错，投射效应也不例外。

　　一方面，这种效应会使我们拿自己的感受去揣度别人，缺少了人际沟通中认知的客观性，从而造成主观臆断并陷入偏见的深渊，这是我们需要克服的。

　　《庄子·天地》中记载了这样一个故事：

　　尧到华山视察，华封人祝他"长寿、富贵、多男子"，尧都辞谢了。华封人说："寿、富、多男子，人之所欲也。汝独能不欲，何邪？"尧说："多男子则多惧，富则多事，寿则多辱。是三者，非所以养德也，故辞。"

通过这个故事，我们发现，人的心理特征各不相同，即使是"富、寿"等基本的目标，也不能随意"投射"给任何人。

由于产生投射效应是主观意识在作祟，所以我们可以通过时刻保持理性，克服潜意识和惯性思维，让事物的发展规律还原它本来的面目，从而消除这种效应带来的不良影响。

首先，我们要客观地认清别人与自己的差异，不断完善自己，不能总是以己之心度人之腹。其次，我们要承认和尊重差异，多角度、全方位地去认识别人。最后，为了避免投射效应，我们需要学会换位思考，也就是设身处地地站在对方的立场上去看别人。与人交往时，如果我们能站在对方的立场上，为对方着想，理解对方的需要和情感，就能与他人进行很好的交流和沟通，也更容易达成谅解和共识。

另外，我们也不可否认，因为人性有相通之处，有时不同的人的确会产生相同的感受。那么，我们就可以利用一个人对别人的看法来推测这个人的真正意图或心理特征。正如钱锺书说"自传其实是他传，他传往往却是自传"，要了解某人，看他的自传，不如看他为别人做的传。因为作者恨不得化身千千万万来讲述不方便言及或者即便说了别人也不相信的发生在作者身上的真实故事。

例如，你在帮公司招聘人员的时候，想了解求职者真实的应聘目的，就可以设计这样的问题：

你应聘本公司的主要原因是什么？

A. 工作轻松　B. 有住房　C. 公司理念符合个人个性　D. 有发展前途　E. 收入高

你认为跟你一起到本公司应聘的其他人前来的主要原因是什么？

A. 工作轻松　B. 有住房　C. 公司理念符合个人个性　D. 有发展前途　E. 收入高

显然，第一个题目并没有多大意义，大部分求职者都会选择C或D；第二个题目，则可以考察求职者的心理投射，求职者一般会根据自己内心的真实想法来推测别人，其答案往往也就是求职者内心的想法。

那么，在谈判或招聘等过程中，我们就可以利用投射效应了解对方的态度和动机，为我们带来积极的意义。

所以，对于交际中的投射效应，我们要学会辩证地看待其影响，用理智避开它不利的一面，用智慧运用好它有利的一面。

自我暴露定律：

适当暴露，让你们的关系更加亲密

适当的"自我暴露"有助于加深亲密度

你有秘密吗？你是否发现自己与身边最亲密的人往往共同分享着彼此的许多秘密，而对于那些交情一般的人，你们之间几乎任何秘密都没有？你还可以回想一下，与最好的朋友的友谊，是不是从那一次你们两人互诉真心开始建立的？想必，你对上述几个问题的答案基本都是"是"。无须奇怪，这就是人际交往中的自我暴露定律。

研究交际心理学的人士曾指出，让人家看到自己的缺点或弱点，人家才会觉得你真实可信，不存虚假，从而产生亲近感；反之，完全把自己"藏起来"，就会使人感觉造作、虚伪，让人觉得有压力。

　　小敏是宿舍中最擅长交际的一个，并且人也长得漂亮。但同宿舍甚至同班的其他女孩都找到了自己的男朋友，唯独漂亮、擅长交际的小敏仍是独自一人。

　　为什么呢？她身边的同学都表示，她太神秘，别人很难了解她。和她有过接触的男同学也说，刚开始和她交往时，感觉她是个活泼开朗的女孩，但时间一长，就发现她其实很封闭。

　　原来，小敏一直对自己的私生活讳莫如深，也从不和别人谈论自己，每当别人问起时，她就把话题岔开，怪不得同学们都觉得她神秘呢！

　　生活中有一些人是相当封闭的，当对方向他们说出心事时，他们却总是对自己的事情闭口不谈。但这种人不一定都是内向的人，有的人话虽然不少，但是从不触及自己的私生活，也不谈自己内心的感受。

人之相识，贵在相知；人之相知，贵在知心。要想与别人成为知心朋友，就必须表露自己的真实感情和真实想法，向别人讲心里话，坦率地表白自己、陈述自己、推销自己，这就是自我暴露。

当自己处于明处，对方处于暗处，你一定不会感到舒服。自己表露情感，对方却讳莫如深，不和你交心，你一定不会对他产生亲切感和信赖感。当一个人向你表白内心深处的感受，你可以感到对方信任你，想和你进行情感的沟通，这就会一下子拉近你们的距离。

在生活中，有的人知心朋友比较多，虽然他（她）看起来不是很擅长社交。如果你仔细观察，会发现这样的人一般都有一个特点，就是为人真诚，渴望情感沟通。他们说的话也许不多，但都是真诚的。他们有困难的时候，总会有人来帮助，而且很慷慨。

而有的人，虽然很擅长社交，甚至在交际场合中如鱼得水，但是他们却少有知心朋友。因为他们习惯于说场面话，做表面功夫，交朋友又多又快，感情却都不是很深；因为他们虽然说了很多话，却很少暴露自己的真实感情。

要知道，人和人在情感上总会有相通之处。如果你愿意向对方吐露心声，就会发现相互的共同之处，从而和对方建立某种感情的联系。向可以信任的人吐露秘密，有时会一下子赢得对方的心，赢得一生的友谊。

如果希望结交知心朋友，你不妨先对他们敞开自己的心扉！

过犹不及，暴露自己要有度

人常说："凡事要有度，凡事不能过度。"一点儿也没错，在交际中，自我暴露是赢得他人好感的有效方式，但这种暴露同样要做到"适度"。

小鱼是某大学的研究生，刚入学不久，她就把同班同学"雷"到了。一天早上上课，课间，坐在前排的她转过身和一位同学借笔记，还回来时笔记里竟然夹了一张男生的照片，于是小鱼打开了话匣子，跟后面的同学聊了起来，说那是她在火车上认识的新男友，正热恋。她从她和男友在哪儿租了房子、昨天买了什么菜、谁做的晚饭，说到她如何如何幸福，甚至说到二人世界

里亲密的小细节……

这样的事情有很多，而且她经常不分时间场合随便就跟别人讲自己的一些私事。到后来，同学们一见到她就躲开了，大家都受不了她了。

由上面的这个例子我们可以看出，在人际交往的过程中，自我暴露要有一个度，过度的自我暴露反而会惹人厌。

在人际交往中，自我暴露应注意以下几个问题：

自我暴露应遵循对等原则，即当一个人的自我暴露与对方相当时，才能使对方产生好感。比对方暴露得多，则给对方以很大的威胁和压力，对方会采取避而远之的防卫态度；比对方暴露得少，又显得缺乏交流的诚意，交不到知心朋友。

自我暴露应循序渐进。自我暴露必须缓慢到相当温和的程度，缓慢到足以使双方都不感到惊讶的速度。如果过早地涉及太多的个人亲密关系，反而会引起对方的忧虑和不信任感，认为你不稳重、不敢托付，从而拉大了双方的心理距离。

真正的亲密关系是建立得很慢的，它的建立要靠信任和与别人相处的不断体验。因而，你的"自我暴露"必须以逐步深入为基本原则，这样，你才会讨人喜欢，才能交到知心朋友。

刻板效应：

别让记忆中的刻板挡住你的人缘

偏见的认知源于记忆中的刻板

偏见源于何处呢？

一些社会心理学家认为，偏见的认知来源于刻板印象。

刻板印象指的是人们对某一类人或事物产生的比较固定、概括而笼统的看法，是我们在认识他人时经常出现的一种相当普遍的现象。

刻板印象的形成，主要是由于我们在人际交往的过程中，没有时间和精力去和某个群体中的每一成员都进行深入的交往，而只能与其中的一部分成员交往。因此，我们只能"由部分推知全部"，由我们所接触到的部分，去推知这个群体的全部。

人们一旦对某个事物形成某种印象，就很难改变。

美国一些心理学家分别于 1932 年、1951 年和 1967 年对普林斯顿大学生进行了 3 次有关民族性格的刻板印象调查。他们让学生选择 5 个他们认为某个民族最典型的性格特征。3 次研究的结果大致相同，如下表所示：

民族	性格特性
美国人	勤奋、聪明、实利主义、有雄心、进取
英国人	爱好运动、聪明、沿袭常规、传统、保守
德国人	有科学头脑、勤奋、不易激动、聪明、有条理
犹太人	精明、吝啬、勤奋、聪明
意大利人	爱艺术、感情丰富、急性子、爱好音乐
日本人	聪明、勤奋、进取、精明

雷兹兰（1950 年）、西森斯（1978 年）、休德费尔（1971 年）等人的研究也充分证实了这种刻板效应对人知觉的严重曲解。

生活中，人们都会不自觉地把人按年龄、性别、外貌、衣着、言谈、职业等外部特征归为各种类型，并认为每一类型的人有共同特点。在交往观察中，凡对象属一类，便用这一类人的共同特点去理解他们。比如，人们一般认为工人豪爽，军人雷厉风行，商人大多较为精明，知识分子是戴着眼镜、面色苍白的"白面书生"形象，农民是粗手大脚、质朴安分的形象等。诸如此类看法都是类化的看法，都是人脑中形成的刻板、固定的印象。

如何移去记忆中的刻板

刻板效应的产生，一是来自直接交往印象，二是通过别人介绍或传播媒介的宣传。刻板效应既有积极作用，也有消极作用。居住在同一个地区、从事同一种职业、属于同一个种族的人总会有一些共同的特征。刻板印象建立在对某类成员个性品质抽象概括认识的基础上，反映了这类成员的共性，有一定的合理性和可信度，所以它可以简化人们的认知过程，有助于人们迅速做出判断，帮助人们迅速有效地适应环境。但是，刻板印象毕竟只是一种概括而笼统的看法，并不能代替活生生的个体，因而"以偏概全"的错误总是在所难免。如果不明白这一点，在与人交往时，唯刻板印象是瞻，像"削足适履"的郑人，宁可相信作为"尺寸"的刻板印象，也不相信自己的切身经验，就会出现错误，导致人际交往的失败，自然也就无助于我们获得成功。因此，刻板效应容易使人认识僵化、保守，人们一旦形成不正确的刻板效应，用这种定型观念去衡量一切，就会造成认知上的偏差，如同戴上"有色眼镜"去看人一样。

在不同人的头脑中，刻板效应的作用、特点是不相同的。文化水平高、思维方式好、有正确世界观的人，其刻板效应是不"刻板"的，是可以改变的。

刻板效应具有浅尝性，往往对个体或者某一群体的分类过于简单和机械，有的只依靠停留在表面上的认识就加以定性；刻板效应同时具有部落共性，在同一社会、同一群体中，由于同一文化、价值观念、信息来源影响，刻板印象有惊人的一致性；刻板效应还具有强烈的主观性，往往凭着偶然的经验加以评判或分类，大多是以偏概全，甚至是颠倒是非。假如最初我们认定日本人勤劳、有抱负而且聪明，美国人讲求实际、爱玩而又入乡随俗，犹太人有野心、勤奋而又精明，女人比男人更会养育子女、照料他人而且温柔顺从，戴眼镜的人都聪明，教授都有点儿古怪而且平日里都是一副漫不经心的样子等，当我们初次与以上人群相遇时，就会不自觉地用已有的概念去套用，而结果往往也会陷入啼笑皆非的尴尬局面。

作为教师或者学生家长或者社会其他人员，在评价学生的人格时首先要有大系统思维观，切忌单线条或者直线思维，要考虑事情原因和结果的多样性、复杂性，而不是"一个事物、一种现象、一个结果"，要建立多原因、多结果论。其次要用发展的眼光来看问题，世界是时时刻刻在发展变化的，如果用刻舟求剑的办法处理问题，只能是落后的、要闹笑话的，最终会导致严重错误。最后要多方位、多角度观察学生，"横看成岭侧成峰，远近高低各不同"。只有观察多了，才有可能比较全面地认识一个人。

克服刻板效应的关键：

一是要善于用"眼见之实"去核对"偏听之词"，有意识地重视和寻求与刻板印象不一致的信息。

二是深入到群体中去，与群体中的成员广泛接触，并重点加强与群体中典型化、代表性的成员的沟通，不断地检索验证原来刻板印象中与现实相悖的信息，最终克服刻板印象的负面影响而获得准确的认识。

因此，我们要纠正刻板效应的消极作用，努力学习新知识，不断扩大视野，开拓思路，更新观念，养成良好的思维方式。

换位思考定律：

将心比心，换位思考

己所不欲，勿施于人

有位因不会与人交往而处处遭人白眼的年轻人，非常苦恼地去找智者，希望智者能告诉他与人交往的秘诀。结果，那智者只送了他四句话："把自己当成别人，把别人当成自己，把别人当成别人，把自己当成自己。"年轻人当时不明白，以为智者不想告诉他秘诀，所以随便说了几句来敷衍他。而智者却说："你回去吧，这就是秘诀。你会明白的。"后来，这位年轻人反复琢磨，经过实践后，终于明白了智者的话。与人交往的秘诀其实就是换位思考。

中国自古就有"己所不欲，勿施于人"的古训，而西方的

《圣经》里也有这样的教诲："你们愿意别人怎样待你，你们就怎样对待别人。"人与人的交往，都是将心比心的。只有懂得为别人考虑的人，才能获得别人的真情。生活中，每个人所处的环境、地位不同，所以每个人对同一个事物的想法也会有所不同，不要只从自己的立场出发来想事情，要懂得站在别人的立场上看问题，这样你的观点才会更客观，你的胸怀才会更宽广，你的朋友才会更多，你的事业也会更成功。

这世上有很多争吵，都是因为我们没有站在别人的立场上看问题而导致的。如果我们每个人都能站在别人的立场上为别人考虑，那么这个世界将变成爱的海洋、和谐美满的天堂。妻子总觉得丈夫不体贴，丈夫总觉得妻子不温柔；老师总觉得学生不听话，学生总觉得老师不讲道理；家长总觉得孩子不可救药，孩子则认为家长专治独裁；老板总认为员工爱偷懒，员工总觉得老板是"吸血鬼"……大家都只从自己的立场出发想问题，那将无法进行沟通和获得理解。

从前，有一个男人厌倦了天天忙碌的工作，每天回家看到妻子总是羡慕她的悠闲舒适。于是有一天，他向上帝祈祷，希望上帝把他变成女人，让他和妻子互换角色。结果，第二天祈祷灵验了，他变成妻子的模样，妻子变成了他的模样。他高兴极了，心想以后我就能享受美好的悠闲生活了。可还没等他想完，妻子就抗议道："你怎么还不去做早餐，我上班要迟到了。"于是，他赶紧起床去做早餐。做完早餐，又去叫孩子们起床，给孩子们穿衣

服，喂早餐，装好午餐，送孩子们上学。回到家后，又开始打扫卫生，洗衣服，到超市买菜，准备晚餐……只一天，他就受不了了，太累了，比他上班还累。第二天一醒来，他就祷告，请求上帝再把他变回去。而上帝却对他说："把你变回去，可以。但是，要再等十个月，因为你昨天晚上怀孕了。"

这个有意思的故事，说的还是换位思考的问题。不要以为别人的工作就比你轻松，别人就比你活得容易。

每个人都有每个人的责任，每个人都有每个人的忧喜。只有设身处地为他人考虑，你才能真正地了解他的想法，理解他的行为。

换位思考是一种态度，更是一种品德。懂得换位思考的人，才值得别人尊敬。如果你不想别人剥夺你的生命，那就别当着别人的面抽烟；如果你不想别人啐你的脸，那你就不要随地吐痰；如果你不想别人用污秽的字眼说你，那你也不要随便辱骂别人；如果你不想自己被人瞧不起，那你也不要戴着"有色眼镜"看人。

总之，己所不欲，勿施于人，懂得站在别人的立场上考虑问题，希望别人怎么对你，你就怎么对别人。

设身处地为他人考虑

其实，设身处地为他人考虑，也是为自己考虑。在这个世界上，没有哪个人是不依赖他人而孤立存在的。社会就是人与人合作互助的结构，不懂得为他人考虑的人，也没有人会为你考虑。只想着自己，自私自利的人，不会得到尊重、理解、爱戴、友情。

有一个非常悲惨的故事，讲的正是因为不懂得设身处地为他人考虑而导致的悲剧。

一个参军的年轻人，由于在战场上误踩了地雷，失去了一只胳膊和一条腿。他痛苦万分，但想到爱他的父母，他的心底又燃起了活下去的希望。可他现在这个样子，父母会如何看待他呢？他决定还是打个电话给父母，再做打算。于是，他拨通了家里的电话："爸爸，妈妈，我要回家了。但我想请你们帮我一个忙，我想带一位朋友回去。"父母听后，很高兴，说道："当然可以，我们也很高兴能见到他。"年轻人接着说："但是这位朋友不是一般的人，他在这次战争中失去了一只胳膊和一条腿。他无处可去，我希望他能来我们家和我们一起生活。"年轻人这话一出口，电话中就传来父母的声音："听到这件事我们很遗憾，但是这样一个残疾人将会给我们带来沉重的负担，我们不能让这种事干扰我们的生活。我想你还是快点儿回家来，把这个人给忘掉，他自己会找到活路的。"听到这些，年轻人挂上了电话。几天后，他的父母接到了警察局的电话，说他们的儿子从高楼上坠地而死，调查结果认定是自杀。当悲恸欲绝的父母，赶到陈尸间，看到儿子的尸体时，他们惊呆了，他们的儿子只有一只胳膊和一条腿。

　　这就是只想到自己的结果。生活中，这样的悲剧还有很多。灾难发生在别人身上是故事，发生在自己身上才是事故。而这世界是公平的，风水轮流转，那发生在别人身上的不幸，也可能发生在自己身上。你怎么对待别人，别人就会怎么对待你。所以，要处处为别人考虑。

在别人有难时，不要幸灾乐祸，而是要想着帮助别人。无论何时都要为别人考虑，这样你的人生会有更多的惊喜。

圣诞节那天，妈妈带着女儿在街上玩。妈妈一个劲儿地说："宝贝，你看多美啊！"可女儿却回答："我什么美也看不到！"妈妈很生气："你看那漂亮的五彩灯、圣诞树，还有琳琅满目的各式礼品，你怎么会看不到呢？"女儿很委屈："可我真的什么也没有看到。"这时，女儿的鞋带开了，妈妈蹲下来为她系鞋带。就在这时，妈妈发现她蹲下来的时候，除了前方一个女人的格子裙以外，什么也看不到。原来，那些东西都放得太高了。

所以，当别人给的答案不是你想要的结果时，要想想为什么会这样。真正设身处地为他人着想，是每个人都应该明白的道理和应该学习的人生法则。

第四章

经济效应

公地悲剧：
都是"公共"惹的祸

────────

为什么"公共"会惹祸

红红的樱桃不仅样子可爱，而且味道鲜美、营养丰富，自然成了不少人的喜爱之物。公园的樱桃一熟，就被大家"追捧"。有人称："今天早上和家人一起到公园玩，发现那里的一片樱桃熟了，很多人都在摘。有折树枝的，有爬上树的，还有人竟然搬来梯子，一起动手，可热闹了。看了半天都弄不懂，这怎么就没人管呢？是不是谁都可以摘啊？"

和所有水果一样，樱桃有着一个自然的成熟周期。还没成熟的时候，它们味道很酸，但随着时间的推移，樱桃的含糖量提高了，吃起来也就可口了。专门种植樱桃的农户到了收获时节才采摘樱桃，所以，超市里的樱桃都是到了成熟期才上架的。然而，长在公园里的樱桃，总是在尚未成熟、味道还酸的时候就被人摘下吃了。如果人们能等久点儿再采摘，樱桃的味道会更好。可为什么人们等不得呢？

这是因为，公园的樱桃是一种公共物品。人们知道，对公共物品而言，你不从中获得收益，他人也会从中获得收益，最后损失的是大家的利益。所以人们只期望从公共物品中捞取收益，但是没有人关心公共物品本身的结果。正因为如此，才最终酿成"公地悲剧"。

"公地悲剧"最初由英国人哈定于 1968 年提出，因此"公地悲剧"也被称为哈定悲剧。哈定说："在共享公有物的社会中，每个人，也就是所有人都追求各自的最大利益，这就是悲剧的所在。每个人都被锁定在一个迫使他在有限范围内无节制地增加牲畜的制度中，毁灭是所有人都奔向的目的地。因为在信奉公有物自由的社会当中，每个人都追求自己的最大利益。公有物自由给所有人带来了毁灭。"他提出了一个"公地悲剧"的模型。

一群牧民在一个公共草场放牧。其中，有一个牧民想多养一头牛，因为多养一

头牛增加的收益大于其成本，是有利润的。虽然他明知草场上牛的数量已经太多了，再增加牛的数目，将使草场的质量下降。但对他自己来说，增加一头牛是有利的，因为草场退化的代价可以由大家负担。于是，他增加了一头牛。当然，其他的牧民都认识到了这一点，都增加了一头牛。人人都增加了一头牛，整个牧场多了 N 头牛，结果过度放牧导致草场退化。于是，牛群数目开始大量减少。所有牧民的如意算盘都落空了，大家都遭受了严重的损失。

可见，"公地悲剧"展现的是一幅私人利用免费午餐时的狼狈景象——无休止地掠夺。"悲剧"的意义，也就在于此。

走出"公地悲剧"的旋涡

现实生活中，公地悲剧多发生在人们对公共产品或无主产权物品的无序开发及破坏上，如近海过度捕鱼造成近海生态系统严重退化等。

英国解决这种悲剧的办法是"圈地运动"。一些贵族通过暴力手段非法获得土地，开始用围栏将公共用地圈起来，据为己有，这就是我们从历史书中学到的臭名昭著的"圈地运动"。但是由于土地产权的确立，土地由公地变为私人领地的同时，拥有者对土地的管理更高效了，为了长远利益，土地所有者会尽力保持草场的质量。同时，土地兼并后以户为单位的生产单元演化为

大规模流水线生产，劳动效率大为提高。英国正是从"圈地运动"开始，逐渐发展为日不落帝国。

　　土地属于公有产权，零成本使用，而且排斥他人使用的成本很高，这样就导致了"牧民"的过度放牧。我们当然不能再采用简单的"圈地运动"来解决"公地悲剧"，我们可以将"公地"作为公共财产保留，但准许进入，这种准许可以以多种方式来进行。比如有两家石油或天然气生产商的油井钻到了同一片地下油田，两家都有提高自己的开采速度、抢先夺取更大份额的激励。如果两家都这么做，过度开采会减少他们可以从这片油田收获的利益。在实践中，两家都意识到了这个问题，达成了分享产量的协议，使从一片油田的所有油井开采出来的总数量保持在适当的水平，这样才能达到双赢的目的。

有人可能会说，避免"公地悲剧"的发生，就必须不断减少"公地"。但是，让"公地"完全消失是不可能的。"公地"依然存在，这就要求政府制定严格的制度，将管理的责任落实到具体的人，这样，在"公地"里过度"放牧"的人才会收敛自己的行为，才会在政府干预下合理"放牧"。

在市场经济中，政府规定和市场机制两者有机结合，才能更好地解决经济发展中的"公地悲剧"。

泡沫经济：

上帝欲使其灭亡，必先使其疯狂

上帝欲使其灭亡，必先使其疯狂

西方谚语说："上帝欲使其灭亡，必先使其疯狂。"

20世纪80年代后期，日本的股票市场和土地市场热得发狂。从1985年年底到1989年年底的4年里，日本股票总市值涨了3倍，土地价格也是接连翻番。到1990年，日本土地总市值是美国土地总市值的5倍，而美国国土面积是日本的25倍！日本的股票和土地市场不断上演着一夜暴富的神话，眼红的人们不断涌进市场，许多企业也无心做实业，纷纷干起了炒股和炒地的行当——整个日本都为之疯狂。

灾难与幸福是如此靠近。正当人们还在陶醉之时，从1990

泡沫经济

年开始，股票价格和土地价格像自由落体一般猛跌，许多人的财富一转眼间就成了过眼云烟，上万家企业关门倒闭。土地和股票市场的暴跌带来数千亿美元的坏账，仅 1995 年 1 月 ～ 11 月就有 36 家银行和非银行金融机构倒闭，爆发了剧烈的挤兑风潮。极度繁荣的市场轰然崩塌，人们形象地称其为"泡沫经济"。

20 世纪 90 年代，日本经济完全是在苦苦挣扎中度过的，不少日本人哀叹那是"失去的十年"。

泡沫经济，是虚拟资本过度增长与相关交易持续膨胀，日益脱离实物资本的增长和实业部门的成长，金融证券、地产价格飞涨，投机交易极为活跃的经济现象。泡沫经济寓于金融投机，造成社会经济的虚假繁荣，最后必定泡沫破灭，导致社会震荡，甚至经济崩溃。

泡沫经济可追溯至 1720 年发生在英国的"南海泡沫公司事件"。当时南海公司在英国政府的授权下垄断了对西班牙的贸易权，对外鼓吹其利润的高速增长，从而引发了对南海股票的空前热潮。由于没有实体经济的支持，经过一段时间，其股价迅速下跌，犹如泡沫那样迅速膨胀又迅速破灭。

泡沫经济源于金融投机。正常情况下，资金的运动应当反映实体资本和实业部门的运动状况。只要金融存在，金融投机就必然存在。但如果金融投机交易过度膨胀，同实体资本和实业部门的成长脱离得越来越远，便会形成泡沫经济。

在现代经济条件下，各种金融工具和金融衍生工具的出现以及金融市场日益自由化、国际化，使得泡沫经济的发生更为频繁，波及范围更加广泛，危害程度更加严重，处理对策更加复杂。泡沫经济的根源在于虚拟经济对实体经济的偏离，即虚拟资本超过现实资本所产生的虚拟价值部分。

泡沫经济得以形成具有以下两个重要原因：

第一，宏观环境宽松，有炒作的资金来源。

泡沫经济都是发生在国家对银根放得比较松、经济发展速度比较快的阶段，社会经济表面上呈现一片繁荣，为泡沫经济提供了炒作的资金来源。一些手中拥有资金的企业和个人首先想到的是把这些资金投到有保值增值潜力的资源上，这就是泡沫经济成长的社会基础。

第二，社会对泡沫经济的形成和发展缺乏约束机制。

对泡沫经济的形成和发展进行约束，关键是对促进经济泡沫成长的各种投机活动进行监督和控制，但到目前为止，还缺乏这种监控的手段。这种投机活动发生在投机当事人之间，是两两交易活动，没有一个中介机构能去监控它。作为投机过程中的最关键的一步——货款支付活动，更没有一个监控机制。

此外，很多人将泡沫经济与经济泡沫相混淆，其实泡沫经济与经济泡沫既有区别，又有一定联系。经济泡沫是市场中普遍存在的一种经济现象，是指经济成长过程中出现的一些非实体经济因素，如金融证券、债券、地价和金融投机交易等，只要控制在适度的范围内，就对活跃市场经济有利。

只有当经济泡沫过多，过度膨胀，严重脱离实体资本和实业发展需要的时候，才会演变成虚假繁荣的泡沫经济。可见，泡沫经济是个贬义词，而经济泡沫则属于中性范畴。所以，不能把经济泡沫与泡沫经济简单地画等号，既要承认经济泡沫存在的客观必然性，又要防止经济泡沫过度膨胀演变成泡沫经济。

在现代市场经济中，经济泡沫会长期存在。一方面，经济泡沫的存在有利于资本集中，促进竞争，活跃市场，繁荣经济；另一方面，也应清醒地看到经济泡沫中的不实因素和投机因素，这些都是经济泡沫的消极成分。

泡沫经济如同猴子捞月

"猴子捞月"的故事大家耳熟能详。故事里，树上的猴子们一只只地拉着前面一只猴子的尾巴，形成一条链子，把最后一只猴子送到水面，让它到水中捞月。

很多人看了这个故事都觉得好笑，现在看来，这些猴子的探索精神还是不错的，通过自身实践最终明白，水中的月亮不过是天上月亮的影子，从而增长了知识。倒是人类不止一次地把投影当作实体，把实体抛在脑后。归根结底，不过一个"贪"字。这比捞月的猴子高明多少呢？

猴子认为月亮在水中，可它们真正去打捞时，月亮却破了、碎了，水中的月亮只是一个美丽的影像。在经济学中，泡沫经济如同水中的月亮一样，人们对它的希望如同一种投机，人们争先恐后地进入，给社会经济带来严重危害，甚至造成经济崩溃。

西方最早出现的泡沫经济，是以投资郁金香开始的。

在 16 世纪中期，荷兰人开发出郁金香的很多新品种，被无数的欧洲民众喜欢。于是，荷兰的郁金香种植者们开始搜寻"变异""整形"过的花朵，以此卖高价。逐渐地，这种狂热扩散到整个荷兰。所有的荷兰家庭都建起自己的花圃，郁金香几乎布满了荷兰每一寸可利用的土地。

1636 年，一枝郁金香已与一辆马车、几匹马等值，至 1637

年，郁金香球茎的总涨幅已高达 5900%!

终于，郁金香的价格开始崩溃，暴跌不止。整个荷兰的经济都崩溃了，债务诉讼数不胜数，法庭无力审理，很多大家族衰败，老字号倒闭。荷兰的经济也在很多年之后才得以恢复。

自此之后，接二连三的泡沫经济出现在世界的各个角落。归根结底，非理性的贪欲让人们丧失了判断标准，最后自食恶果。

测不准定律:

越是"测不准"越有创造性

我们生活在一个"测不准"的世界

德国物理学家海森堡的量子力学的测不准定律,带来了物理学上的革命,他也因此获得诺贝尔奖。这一定律冲破了牛顿力学中的死角,表明人类观测事物的精准程度是有限的,或者说错误难免,任何事皆有可能。

而对于经济学来说,索罗斯则发现了"经济学的测不准定律"。这个创造了许多金融奇迹的人,依然在创造着惊涛骇浪般的奇迹。索罗斯号称"金融天才",从1969年启动的"量子基金",以平均每年35%的增长率令华尔街的同行目瞪口呆。他似乎在用一种超常的力量左右着世界金融市场,创下了许多令

人难以置信的业绩。

传统的经济学理论总是宣扬市场如何有规律、如何有理性，而在多年的经商过程中，索罗斯却发现那些经济理论是那么不切实际。他对华尔街进行了深入分析，察觉金融市场的现实其实就是混乱无序。市场中买入卖出决策并不是建立在理想的假设基础之上，而是基于投资者的预期，数学公式是不能控制金融市场的。人们对任何事物能实际获得的认知都并不是非常完美的，投资者对某一股票的偏见，不论其肯定或否定，都将导致股票价格的上升或下跌，因此市场价格也并非总是正确、总能反映市场未来的发展趋势，它常常因投资者以偏概全的推测而忽略某些未来因素可能产生的影响。

实际上，并非目前的预测与未来的事件吻合，而是目前的预测造就了未来的事件。所谓金融市场的理性，其实全依赖于人的理性，赢得市场的关键在于如何把握群体心理。投资者的狂热会导致市场的跟风行为，而不理性的跟风行为会导致市场崩溃。这就是他所提出的经济学"测不准定律"。所以，投资者在获得相关信息之后做出的决定，与其说是根据客观数据做出的预测，还不如说是根据他们自己心里的感觉做出的预测。

同时，索罗斯还认为，由于市场的运作是从事实到观念，再从观念到事实，一旦投资者的观念与事实之间的差距太大，无法得到自我纠正，市场就会处于剧烈的波动和不稳定的状态，这时市场就易出现"盛—衰"序列。投资者的赢利之道就在于推断出即将发生的预料之外的情况，判断盛衰过程的出现，逆潮流而动。但同时，索罗斯也提出，投资者的偏见会导致市场跟风行为，而盲目从众的跟风行为会让人们过度投机，最终的结果就是市场崩溃。

当然，在"测不准"当中，又有"测得准"的由盛而衰的波动定律，投资者的赢利之道就在于及时地推断出即将发生的新情况，逆流而动。可究竟何时动、何时不动，则完全取决于投资者本人的悟性。他说："股市通常是不可信赖的，因而，如果在华尔街你跟着别人赶时髦，那么，你的股票经营注定是十分惨淡的。"

股市的测不准现象比比皆是。在 2008 年的经济背景下，国际金融危机、国内经济压力重重，分析师们存忧患意识：看空市场理所当然。但市场却否极泰来，杀出了一条血路，正应了这句名言：这是最坏的时候，这也是最好的时候。但过去的毕竟已经过去，股市着眼于今天和明天。在 2010 年之前，连续 5 年相关机构对股市的预测都看走了眼，大多数机构在年末对来年股市的走势都判断失误。其中 2009 年的股市报告，大家都可以当笑话来读，大多数专业人士的判断是 2009 年股市上半年没有行情，下半年有小行情，房市可能会崩盘。可是最后结果证明，2009 年房市、股市走出了大牛市。

机构的预测报告本来就是顺应媒体和股民的需求而产生的，那些企图预测股市的人，天天在预测，而股市的结局跟足球赛一样，是不可预测的。从科学的角度看，本来就"测不准"的，点位测市行为本身是错的，却偏要做个正确的预测结果出来，自然是难以做得准了。

近年来，另一个遵循"测不准"原理的就是国际原油价格。许多人热衷于预测油价，对油价走势进行判断，但油价预测已经无异于猜谜游戏。因为影响油价的因素实在太多，影响油价的基本原理应该是市场供求关系，但地缘政治、自然灾害、恐怖活动以及基金投机炒作等因素影响了国际石油市场的供需，国际油价随之大起大落，上涨之高甚至大大超出一般预期。

从经济学视窗看"测不准"

经济学中常用到马歇尔局部均衡"供给—需求"模型，这一模型包含相当多的"其余条件"，如偏好稳定、市场出清、不考虑其他商品等，可是在现实经济生活中，这一点是无法办到的，我们无法构筑一个定律能够完全发挥作用的环境。

1974年，美国政府为清理翻新自由女神像扔弃的废料，向社会广泛招标。由于美国政府出价太低，好几个月没人应标。正在法国旅行的一个得克萨斯人听说了这件事，立即乘飞机赶往纽约，看过自由女神像下堆积如山的钢块、螺丝和木料，他喜出望外，未提任何条件，当即就签字包揽了下来。纽约的许多运输公司为他的这一愚蠢举动暗自发笑，因为在纽约州，对垃圾的处理有严格的规定，弄不好就要受到环保组织的起诉。就在一些人要看这个得克萨斯人的笑话时，他开始组织工人对废料进行分类。他让人把废铜熔化，铸成小自由女神像，用废水泥块和木头块加工成底座，把废铅、废铝做成纽约广场形的钥匙挂，最后他甚至把从自由女神像上扫下的灰尘都包装起来，出售给花店。不到3个月的时间他让这堆废料变成了350万美元现金，使每磅铜的价格整整翻了1000倍。

不得不承认，生活中有时候一个创意带来的实际成效，抵得上100个人缺乏创新的千篇一律的劳动。实现这种大幅度的飞跃，不仅需要主动性，还需要

发挥创造力。在新的未知领域，有很多难以准确估计、精确测量的不确定性因素，但这也正是提供跳跃的最好平台。比如，资金是制约企业初期创业发展的一个重要因素，这就为企业的前途增加了不确定性。但是，有的时候，越缺少资金，企业对市场的适应性也会因此越强。因为过分依赖资本本身就会使得公司面临风险。所以企业轻装上阵，反而能更好地发挥创造性。

口红效应：
经济危机中逆势上扬的商机

"口红"为何走俏

韩国经济不景气的时候，服装流行的是鲜艳的色彩，并且短小和夸张的款式订单比较多；日本的服装产业处于低谷时，修鞋补衣服之类的铺子，生意却出现了一片繁荣的景象；美国20世纪二三十年代的大萧条时期，几乎所有的行业都沉寂趋冷，然而好莱坞的电影业却乘势腾飞，热闹非凡，尤其是场面火爆的歌舞片大受欢迎，给观众带来欢乐和希望，也让美国人在秀兰·邓波儿等家喻户晓的电影明星的歌声舞蹈中暂时忘却痛苦。

以上这些都是"口红效应"的作用表现。经济不景气的时候，生活压力会增加，人们的收入和对未来的预期都会降低，这时候首先削减的是那些大宗商品的消费，如买房、买车、出国旅游等，这样一来，反而可能会比正常时期有更多的"闲钱"，正好需要轻松的东西来让自己放松一下，所以会去购买一些"廉价的非必要之物"，从而刺激这些廉价商品的消费上升。

金融危机的寒流，并不会让所有的行业都陷入低迷的境地，经济政策制定者和企业决策者可以利用"口红效应"这一规律，适时调整自己的政策和经营策略，就能最大限度地降低危机的负面影响。所以，危机到来的时候，商家所要做的就是打造危机下的口红商品，只要人人都努力了，都在想方设法地卖出自己的那支"口红"，"口红效应"就有可能发生意想不到的作用。

要想利用"口红效应"来拉动销售，需要满足以下三个条件：

首先，所售商品本身除了实用价值外，要有附加意义。同样花几十元钱，比起喝咖啡和坐出租车来，还是看电影更有吸引力，可以带来两个小时或者更长时间的持续满足感。危机时期令人绝望的境况，让人们黯然神伤，信心与快乐成为最稀缺的商品。而此时，文化娱乐产业将

成为"口红效应"中的获益者。

其次，商品本身的价格要相对低廉。在经济不景气的时期，人们的收入会较之以前有不同幅度的下降，从而导致对消费品的购买力也会下降。大型投资或者奢侈品在这一阶段不会赢得消费者青睐，反倒是一些价格低廉的商品，在此时会迎来销售的"春天"。

最后，商家要适当引导消费者，带动间接消费的欲望。20世纪二三十年代经济危机时期却成为了好莱坞腾飞的关键时期。在经济最黑暗的1929年，美国各大媒体就纷纷开辟专版，向公众推荐适合危机时期观看的疗伤影片。而且，不仅如此，好莱坞还就着这种经济不景气的现状，顺势举行了第一届奥斯卡颁奖礼，每张门票售价10美元，引来了众多观众。1930年梅兰芳远渡重洋，在纽约唱响他的《汾河湾》，大萧条中的美国人一边在街上排队领救济面包，一边疯狂抢购他的戏票，5美元的票价被炒到十五六美元，创下萧条年代百老汇的天价。

经济危机中常见的生机产业

经济发展有其自身的规律，金融危机的爆发也是经济发展过程中出现的不可避免的问题。当出现这种现象时，商家不可坐以待毙，要学会从低潮中寻找新的商机，迅速实现产业的转型，从而让经济危机的劣势转化为产业发展的优势。就"口红效应"而言，它的受益产业主要有以下几个：

第一，化妆品行业。

有关统计显示，美国 1929 年至 1933 年工业产值减半，但化妆品销售增加；1990 年至 2001 年经济衰退时化妆品行业工人数量增加；2001 年"9·11"事件后，口红销售额翻倍。我们可以发现，化妆品行业出现繁荣的时期都是民众生活受到较大影响的时期。在人们心灵受伤的时候，格外需要一些低廉的非必需品来给自己疗伤，从而给商家带来商机。

第二，电影产业。

美国电影一直是"口红效应"的受益者之一，20 世纪二三十年代经济危机时期正是好莱坞的腾飞期，而 2008 年的经济衰退也都伴随着电影票房的攀升。有人预测，中国的文化产业也许要借着"口红效应"实现一个新的跨越。12 月公

映的冯小刚执导的电影《非诚勿扰》首周票房就超过了 8000 万元。2008 年主流院线票房超过了 40 亿，比 2007 年增长 30%。其中，票房过亿的国产电影数量也历史性地超过了好莱坞大片。和几年前一些偏冷门的类型题材的电影在市场上没有生存空间不同，今天的观众走进影院，既能看到传统功夫片《叶问》，也可以选择结合了艺术和商业的《梅兰芳》以及《爱情呼叫转移 2》《桃花运》等影片。观众审美需要不断增加，电影创作也应以多类型、多品种、多样化的电影产品结构来支撑市场。也许这正是"口红效应"在中国的一种反映。

第三，动漫游戏行业。

日本市场调研机构发布的消费统计数据显示，虽然其他行业走冷，游戏机行业中的任天堂和索尼 PSP，却销量大增。看来，无论其他行业的形势如何严峻，游戏一直都会是人们放松和疗伤的最优选择。

经济危机不会长久地存在于人们的生活中，终究还是会有回暖的时候。其实，经济增长的步伐偶尔慢下来，也未必不是一件好事。人们可以从繁忙的工作与生活中走出来，谈谈情，唱唱歌，跳跳舞，回归一下家庭，一箪食，一瓢饮，不改其乐。而企业则可以在其中寻找商机，创造一支能让人们心仪的"口红"，推广开来。如此看来，"口红效应"也会实现双赢。

乘数效应：
一次投入，引发一系列反应

一场暴风雨引发的乘数效应

一场暴风雨过后，一家百货公司的玻璃破了。

百货公司拿出 5000 元将玻璃修好。装修公司把玻璃重新装好后，得到了 5000 元，拿出了 4000 元为公司添置了一台电脑，余下的 1000 元作为流动资金存入了银行。电脑公司卖出这台电脑后得到 4000 元，其用 3200 元买了一辆摩托车，剩下 800 元存入银行。摩托车行的老板得到 3200 元后，用 2600 元买了一套时装，将 600 元存入银行。最后，各个公司得到的收入之和远远超出 5000 元这个数字。百货公司玻璃破了而引发的一系列投资增长就是乘数效应。

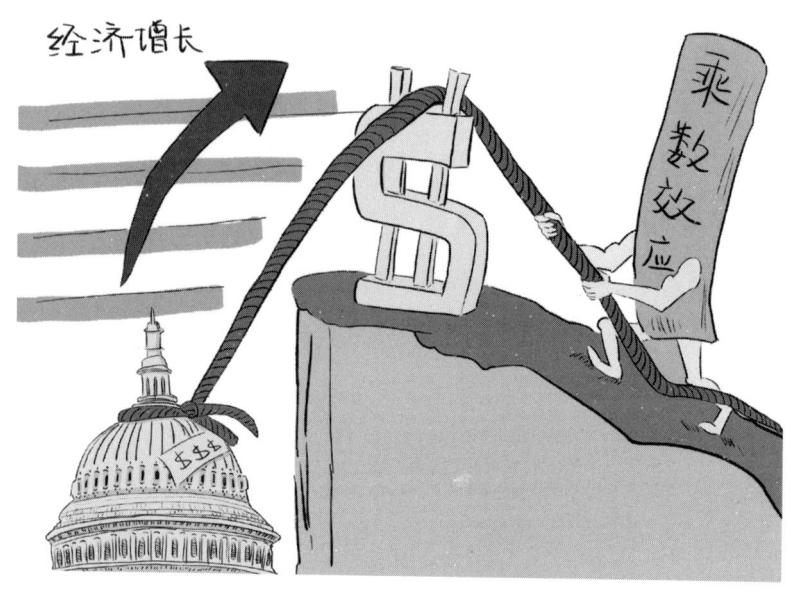

　　在经济学中，乘数效应更完整地说是支出/收入乘数效应，是指一个变量的变化以乘数加速度的方式引起最终量的增加。在宏观经济学中，指的是支出的变化导致经济总需求不成比例的变化，即最初投资的增加所引起的一系列连锁反应会带来国民收入的成倍增加。所谓乘数是指这样一个系数，用这个系数乘以投资的变动量，就可得到此投资变动量所引起的国民收入的变动量。假设投资增加了100亿元，若这个增加导致国民收入增加300亿元，那么乘数就是3；如果所引起的国民收入增加量是400亿元，那么乘数就是4。

　　为什么乘数会大于1呢？比如某政府增加100亿元用来购

买投资品，那么此100亿元就会以工资、利润、利息等形式流入此投资品的生产者手中，国民收入从而增加了100亿元，这100亿元就是投资增加所引起的国民收入的第一轮增加。随着得到这些资本的人开始第二轮投资、第三轮投资，经济就会以大于1的乘数增长。

"乘数效应"也叫"凯恩斯乘数"。事实上，在凯恩斯之前，就有人提出过乘数效应的思想和概念，但是凯恩斯进一步完善了这个理论。凯恩斯的乘数理论对西方国家从"大萧条"中走出来起到了重大的作用，甚至有人认为20世纪两个最伟大的公式就是爱因斯坦的相对论基本公式和凯恩斯乘数理论的基本公式。凯恩斯乘数理论因其对于宏观经济的重要作用在1929～1933年的世界经济危机后得到重视，一度成为美国大萧条后"拉动经济"的原动力。

乘数效应不是万有定律，要辩证看待

美国东部时间2001年9月11日早晨8：40，4架美国国内民航航班几乎同时被劫持，其中两架撞击了位于纽约曼哈顿的世界贸易中心，一架袭击了首都华盛顿美国国防部所在地五角大楼，而第四架被劫持飞机在宾夕法尼亚州坠毁。这次事件是继第二次世界大战期间的珍珠港事件后，第二次对美国造成重大伤亡的袭击，是人类历史上迄今为止最严重的恐怖袭击事件。美国人民陷入了前所未有的恐慌之中。可是，这时候一些经济学家却跳出来发表了一番令人哭笑不得的言论，他们认为这次恐怖袭击对美国的宏观经济来说是大有好处的，甚至会为其带来契机。

他们的理由很简单，这次恐怖袭击令美国国会批准了400亿美元的紧急预算，这些钱会创造第一轮的需求和增收，大约一年内就会看到成效，并且，这一开支的增加将会继续创造下一轮的需求。这些经济学家经过一番认真仔细的推算，认定在美国经济不景气的情况下，这400亿美元的开支，将会使得国民生产总值最终增加1000亿美元……所以说，在这个经济不景气的时刻，财政开支的增加对美国而言反而是一剂强心针。

推动经济？

看到这里，大家都会觉得奇怪，假如说这些经济学家的观点是正确的，即损失两栋大楼可以促进国民经济发展，那么，为什么美国人自己不动手多炸掉几栋，反而让恐怖分子钻了空子呢？

另外，还有一些经济学家根据乘数原理得出了与上述完全相反的结论。乘数原理既然可以放大好处，也可以放大坏处。损失的几栋大楼很值钱，里面的死伤人员也都是各行各业的精英人士，其价值是无法估量的，因此这一恐怖袭击将会造成美国经济的节节败退，并最终进入恶性循环，一发不可收拾。

最终的事实是怎样的呢？事实证明，美国经济在"9·11"事件之后，没有突飞猛进，也没有一败涂地。上述的两种结论似乎都是不正确的。那么，是乘数效应出错了吗？当然不是。问题在于社会经济生活中，"乘数效应"不止一宗，而是无数宗。不是说"乘数效应"不存在，而是说不能只盯着一宗"乘数效应"。要知道，无数宗"乘数效应"会互相抵消，互相排斥，其最终结果是怎样的，谁也无法准确预料。这也就告诉我们，乘数效应是不能生搬硬套的，否则就会失之毫厘，谬以千里。

拉动效应：

经济在于"拉动"

正确评估政府投资的拉动效应

随着政府投资拉动的效应持续减弱，及对社会预期的刺激力度也逐级削减，转型将逐步成为最关键的社会焦点。与此相关的市场预期，将直接决定市场的格局走向。

1. 政府投资拉动效应减弱

从长期来看，无论是国内还是国外，宽松政策和大量政府财政投资对经济的拉动效应都将逐步减弱。

对于国外而言，由于财政空间的限制及宽松流动性的效应递减（比如欧洲央行释放资金购买债券，甚至仍不能抵挡商价和股市的节节下跌），政府投资的空间及影响力都不可能再起到明显作用。

对于国内而言，压缩和规范地方融资平台，都对直接针对市场的投资拉动预期起到打击作用。从最根本上说，这往往意味着管理层的经济政策思路发生了根本变化，即其已经开始出现基本认知到单一投资拉动模式的缺陷，并出现了较为明显的转向。

因此，无论从政府主观意愿上，还是政策的客观效果上来看，政府投资拉动效应逐步减弱是一个必然趋势。

2. 市场认同感减弱

第二个关键问题是，市场的认同感也在削弱，投资的不可持续性广受认同，这又反过来大大弱化和缩减了投资政策的效果。

对市场心理来说，随着投资拉动不可持续性的认同感日趋强

烈，资金投放和资金放松未必能够获得市场的足够认同，反而可能会加大市场的担忧。最重要的是，这样会引发投资的带动效应减弱，主要是对社会消费和民间投资的拉动效果会越来越有限，市场的反应也会受到冲击和影响。

3.转型是社会关注的焦点

实际上，目前市场更关注的不是现在的经济数据和经济发展现状，而是经济能否成功地迈入一条持续增长之路。机构和基金不认同的也并非仅仅是目前的经济数据有问题，还有对更长期的前景感到迷茫和不确定。

因此，在这种背景下经济体制的转型就必然越来越受到市场关注，唯有如此才能真正启动经济的发展。投资效应的衰减将导致市场对转型的认知从朦胧到逐渐明晰，并最终确认这才是促使整个市场格局反转的关键。

高速铁路带动沿线新投资

湖北咸宁经济开发区，一个仅有12平方公里的地方，却有着60多个投资项目在红红火火地开展着。这是为什么呢？为什么这样一个小地方会有如此的魅力，吸引了那么多投资者的目光呢？原因很简单，用当地一位领导的话来说就是："正是由于武广高铁，一大批广州客商都在咸宁投资，现在整个开发区70%以上都是外来投资者建设的。"

原来如此，可是高速铁路真的有如此大的影响力吗？事实上，在武广高铁尚未开通运营时，广州与武汉就已经开始研究并制定了促进产业转移的政策措施，首批项目24个，总投资117.6亿元。中铁第四勘察设计院总工程师说，未来3～5年，通过高速铁路，武汉将建成一个辐射全国的大都市圈，以武汉为中心，5小时内可到达的城市，几乎囊括了大半个中国。总工程师夸大其词了吗？非也。

如今，我们放眼中国的南部，车马未动，粮草先行，粤港澳正向内陆腹地加紧产业转移，长株潭正加速融入珠三角经济圈，武汉城市圈的影响力也正沿江入海，一条"武广高铁经济带"已初具雏形。随着多条高速铁路客运专线开通运营，有了铁路来实现客货分线，货运能力必然会得到极大的释放。这将有效缓解铁路对煤炭、石油、粮食等重点物资运输的瓶颈制约，提高货主的请车满足率，有效提高全国铁路网的整体运输能力，也有利于以更节能环保的方式降低整个社会的物流成本。

此外，个人异地投资者也开始紧盯高铁风向标。的确如此，我们可以想象一下，当我们到达另一座城市的时间比横穿我们所在城市的时间还要短，且所耗费成本更低时，我们自然会考虑异地投资。

现在，是否有高速铁路通达，已经成为异地投资者投资的重要考量指标之一，一些高铁沿线城市的经济联系与文化合作逐渐被重新定位，其区域经济格局也逐渐被改写。

第五章

决策学问

机会成本：

鱼和熊掌不能兼得

有选择就有机会成本

在阳光明媚的午后，你好不容易处理完公司的财务报告，想喝杯下午茶休息一下，你可能会考虑甜点是选择豆沙糕还是巧克力薄饼。

"豆沙糕还是巧克力薄饼"类似于"鱼与熊掌"，这种选择实际上就是一种机会成本的考虑。

如果你喜欢吃豆沙糕，也喜欢吃巧克力薄饼，在两者之间选择时，接受豆沙糕的机会成本是放弃巧克力薄饼。如果吃豆沙糕的收益是5，那么吃巧克力薄饼的收益是10。这样，吃豆沙糕的经济利润是负的，所以你会选择吃巧克力薄饼，而放弃豆沙糕。

豆沙糕 VS 巧克力薄饼

值得注意的是，有些机会成本是可以用货币进行衡量的。比如，要在某块土地上发展养殖业，在建立养兔场还是养鸡场之间进行选择，由于二者只能选择其一，如果选择养兔就不能养鸡，那么养兔的机会成本就是放弃养鸡的收益。在这种情况下，人们可以根据对市场的预期大体计算出机会成本的数额，从而做出选择。但是有些机会成本是无法用货币来衡量的，它们涉及人们的情感、观念等。

机会成本广泛存在于生活当中。一个有着多种兴趣的人在上大学时，会面临选择专业的难题；辛苦了五天，到了双休日，是出去郊游还是在家看电视剧；面对同一时间的面试机会，选择了一家单位就不能去另一家单位……对于个人而言，机会成本往往是我们做出一项决策时所放弃的东西，而且常常比我们预想中的还多。

人生面临的选择何其多，人们无时无刻不在进行选择。比如是继续工作还是先去吃饭，是在这家商店买衣服还是在那家商店买衣服，是买红色的衣服还是黄色的衣服，心中有个秘密是告诉朋友还是不告诉朋友，如果告诉又告诉哪些朋友……这些选择在生活中很常见，不过似乎并不重大，所以大家轻松地做出了选择，也不会慎重考虑。

机会成本越高，选择越困难，因为在心底，我们不愿放弃任何有益的选择。但是，我们有时必须"二选一"，甚至是"三选一"，在这时，机会成本的考量就显得尤为重要。

赌博，赢不来幸福

皮皮一家的好日子在男主人失业后终止了。因为赶上金融危机，公司裁员，皮皮的男主人不幸名列其中。下岗在家赋闲的男主人成天唉声叹气，但厄运还没有结束，因为少了主要的经济来源，他们还不起贷款，不得已之下，男主人和女主人决定搬出这所房子，去找一个更小、更便宜的住所。

问题随之而来，既然要节省开支，便无法养狗了，于是他们将皮皮一家三口赶了出来。皮皮一家没有了住处，只得到处流浪。皮皮在一夜之间成了无家可归的流浪狗。

那段日子，皮皮总是吃了上顿没下顿，过着没着没落的日子。一天，正当皮皮饿着肚皮睡觉的时候，爸爸忽然很兴奋地走过来，嘴里叼着一大块排骨。闻到肉香，皮皮一跃而起。它一边咬下一大块肉，一边问爸爸："这肉是从哪儿来的？"

　　"赌博赢来的。"爸爸的话让皮皮吃了一惊。

　　"村头有赛狗的，每天一场，谁赢了，谁就能赢得一大块排骨。"皮皮爸爸解释道。皮皮知道所谓的赛狗，就是抽签决定两条狗进入围场殴斗，决出胜负。

　　皮皮担忧地说："但是，爸爸，万一你被抽中和一条大狗比赛，你会输得很惨的。"

　　爸爸不以为然："放心，我已经找到规律了，只要我把自己的

输 or 赢 ？

签放到最后，被抽中的对手总是弱小的狗。"

妈妈也表示赞同："这倒是一个好办法，以后，我和皮皮就不用挨饿了。"

赌博中取得胜利的概率十分小，这就好像经济学中常说的机会成本一样。纯粹的赌博是不存在理性上的投资收益的，只不过是数学里的离散游戏而已，是概率论和经济博弈论的运用，每一次赌博的赢输概率都是一样的。

赌博能赚到钱吗？看似非常简单的逻辑，许多人却常常栽在其中。典型的例子就是，赌徒在输钱后，总是想翻本。输掉的钱就是沉没成本，它不可能再收回来，新的"选择"是还要不要继续赌下一盘，再赌下一盘的收益风险是多少，这便是机会成本，我们做出一个选择后所丧失的是不做这个选择而可能获得的最大利益。

皮皮的爸爸将自己的签放到最底层，的确被抽中的概率不大，但不是完全没有可能的。皮皮的爸爸和弱势的狗殴斗，每天可以领取一块排骨，这份利润的确可观。但如果被抽中与强悍的狗殴斗，那它势必会落败，一天一块排骨的收益也就没有了，而且还有可能丧命。皮皮爸爸的这种行为便可理解为机会成本。

经济学家们对此的理解便是皮皮的爸爸用自己的性命在做赌注，以赢取那一块排骨，这实际上是亏损的。果然，没过几天，皮皮担心的事就发生了。

那天和往常一样，爸爸又去赛狗，一直到晚上，它才一瘸一拐地回来。皮皮一看就知道出事了，爸爸缓了好半天之后，才道出原委。原来那天它一去就被抽中，等它上台后，才发现对手又高又壮，是一条猎犬。

但已经上台了，皮皮爸爸只得硬着头皮打下去。很快，它被猎犬打得伤痕累累，在地上趴了好半天，才挪着回来。

"爸爸，我早就说过，你会被大狗打得遍体鳞伤的。"皮皮看着爸爸一身的伤痕，心疼地说道。

爸爸也叹气道："我以为他们不会将两张连在一起的号码抽出来，没想到他们还真这样做了。"

皮皮看到爸爸痛苦的样子想，以后做选择一定要慎重，这种赌徒的心态是要不得的。

可以毫不夸张地说，任何赌博都不存在长期投资必然赢利的可能性，否则那些华尔街金融投资家早就进入了。因为这些赌博都不符合经济学的条件，所以妄图靠赌博来一夜暴富，是不可取的。很多人，就是走入了这个误区，最后倾家荡产。

赌博只是将机会成本在主观意识上放到最大，对于这种总是把成功寄希望于小概率事件的赌徒而言，失败之后的痛楚是他们无法承受的。

有时候，我们总是忽视对机会成本的计算，机会成本其实就是揭示了资源稀缺与选择多样化之间的关系。我们必须要做出选择，因为我们不能将所有资源都占有，所以，当我们只能选择一部分资源的时候，机会成本也便成了约束我们的概念。

羊群效应：

别被潮流牵着鼻子走

有种选择叫"跟风"

喝惯了绿茶、橙汁、果汁的人如今有了新的选择，一些功能性饮品纷纷开始上市。值得关注的是，这些饮料并不是由传统的食品、饮料企业推出的，生产它们的是——药企。

这些功能性饮料的显著特点是，它们除了饮料所共有的为人体补充水分的功能外，还有别的功能，比如去火、瘦身。伴随着"尽情享受生活，怕上火，喝王老吉"这句时尚、动感的广告词，"王老吉"一路走红，大举进军全国市场。虽然"王老吉"最初流行于我国南方，北方人其实并没有喝凉茶的传统，但是王老吉药业巧妙地借助人人皆知的中医理念，成功地把"王老吉"打造成了预防上火的必备饮料。淡淡的药味，独特的清凉去火功能，令其从众多只能用来解渴的茶饮料、果汁饮料、碳酸饮料中脱颖而出。酷热的夏天，加上人们对川菜的喜爱，给了消费者预防上火的理由，当然也给了人们选择"王老吉"的理由。

然而，专家提醒广大消费者，要理性消费不跟风。专家认为，凉茶这种饮料并非老少皆宜，脾胃虚寒者以及糖尿病患者都不宜饮用。脾胃虚寒的人饮用后会引起胃寒、胃部不适症状，而糖尿病患者饮用后则会导致血糖升高。可见，功能性饮料并不适合所有人群。

这也提醒了我们在消费的同时不要盲目跟风，要做到理性消费。经济学上有一个名词叫"羊群效应"，是说在一个集体里人

们往往会盲目从众，在集体的运动中会丧失独立的判断。

在一群羊前面横放一根木棍，第一只羊跳了过去，第二只、第三只也会跟着跳过去；这时，把那根棍子撤走，后面的羊，走到这里，仍然像前面的羊一样，向上跳一下，这就是所谓的"羊群效应"，也称"从众心理"。羊群是一个很散乱的组织，平时在一起也是盲目地左冲右撞，但一旦有一只头羊动起来，其他的羊也会不假思索地一哄而上，全然不顾前面可能有狼或者不远处有更好的草。

因此，"羊群效应"就是比喻人的一种从众心理。从众心理很容易导致盲从，而盲从往往会使你陷入骗局或遭到失败。

其实，在现实生活中，类似的消费跟风的例子还真不少。比如每年大学必有的"散伙饭"。

所谓的"散伙饭"就是"离别饭"。三四年的同学、宿舍密友，转眼间就要各奔东西了，这个时候自然要聚一聚，喝酒、聊天，于是，"散伙饭"成了大学生表达彼此间依依惜别之情的方式。

然而，作为大学里最后记忆的"散伙饭"，却渐渐地变了味道。"散伙饭"不仅越吃越多，还越吃越高档，成了"奢侈饭"。

大学生毕业的时候吃"散伙饭"，显然已经成了一种惯例，届届相传。其实，"散伙饭"只是大学生的一种"跟风"现象。

看到以前的学长们在吃"散伙饭"，看到周围的同学在吃"散伙饭"，自己怎能不吃呢？

这种一味地跟风，只图一时宣泄情绪的行为，往往给许多学生的家庭带来了财务负担。对家庭而言，培养一个大学生已经花费了不少钱财，豪华的饭局更加重了家庭的负担。家庭富裕的家长也许并不会在意什么，然而家庭比较贫困的呢？为了不丢孩子的面子，再"穷"也要让孩子在大学的最后时刻风风光光地毕业。这不仅突出了同学间的贫富不均的现象，更容易引起贫困生们的自卑心理。对于学生而言，绝大多数都是依赖父母，有钱就花，花完再要，大摆饭局只为跟风、攀比，满足彼此的虚荣心，十分不利于培养学生正确的理财观、消费观，助长了社会"杯酒交盏，排场十足"的铺张浪费之风。不仅如此，错误的消费观还会影响到大学生日后就业，他们所挣的工资可能连在校时的消费水平都不如，这也就相应地加大了他们就业的压力。

"羊群效应"告诉我们，许多时候，并不是谚语说的那样——"群众的眼睛是雪亮的"。在市场中的普通大众，往往容易丧失基本判断力，人们喜欢凑热闹、人云亦云。有时候，群众的目光还投向资讯媒体，希望从中得到判断的依据。但是，媒体人也是普通群众，不是你的眼睛，如果你不会辨别垃圾信息就会失去方向。所以，收集信息并敏锐地加以判断，是让人们减少盲从行为，更多地运用自己理性思维的最好方法。

赢在自己，做一个特立独行的人

老猎人圣地亚哥最喜欢听狼嚎的声音。在月明星稀的深夜，狼群发出一声声凄厉、哀婉的嚎叫，老人经常为此泪流满面。他认为那是来自天堂的声音，因为那种声音总能震撼人们的心灵，让人们感受到生命的存在。

老人说："我认识这个草原上所有的狼群，但并不是通过形体来区分它们，而是通过声音——狼群在夜晚的嚎叫。每个狼群都是一个优秀的合唱团，并且它们都有各自的特点以区别于其他的狼群。在许多人看来，狼群的嚎叫并没有区别，可是我的确听出了不同狼群的不同声音。"

狼群在白天或者捕猎时很少发出声音，它们喜欢在夜晚仰着头对着天空嚎叫。对于狼群的嚎叫，许多动物学家进行过研究，但不能确定这种嚎叫的意义。也许是对生命孤独的感慨，也许是通过嚎叫表明自身的存在，也许仅仅是在深情歌唱。

在一个狼群内部，每一匹狼都具有自己独特的声音，这声音与

群体内其他成员的声音不同。狼群虽然有

严格的等级制度，也是最注重整体的物种，但

这丝毫不妨碍它们个性的发展和展示，即使是具有

最大权力的阿尔法狼，也没有权力去要求其他的狼模仿自己的声音

和行为，每一匹狼都掌握着自己的命运，保留着自己的独立个性。

同样，就投资而言，我们每一个人的未来终归掌握在自己手里。

　　人们在实际的投资过程中，往往意识不到自己在不经意间已经从了众。

　　我们要时刻保持警惕，时刻保持自己的个性，时刻保持自己的创造性，自己把握自己的未来。

　　下面，我们再来看一个特立独行者的例子：

　　20世纪50年代，斯图尔特只是华盛顿一家公司的小职员。一次，他看了一部表现非洲生活的电影，发现非洲人喜爱戴首饰，就萌发了做首饰生意的念头。于是他借了几千美元，独自闯荡非洲。

　　经过几年的努力，他的生意已经做到了使人眼红的地步，世界各地的商人纷纷赶到非洲抢做首饰生意。

　　面对众多的竞争者，斯图尔特并不留恋自己开创的事业，拱手相让，他从首饰生意中走出来，另辟财路。

　　斯图尔特的成功就是靠"独立创意"这一制胜要诀，这是他善于观察、善于思考的结果。

　　要想有独立的创意，就不要人云亦云，一定要培养自己独立思考的能力。

沉没成本：

难以割舍已经失去的，只会失去更多

别在"失去"上徘徊

阿根廷著名高尔夫球运动员罗伯特·德·温森在面对失去时，表现得非常令人钦佩。一次，温森赢得了一场球赛，拿到奖金支票后，正准备驱车回俱乐部。就在这时，一个年轻女子走到他面前，悲痛地向温森表示，自己的孩子不幸得了重病，因为无钱医治正面临死亡。温森二话没说，在支票上签上自己的名字，将它送给了年轻女子，并祝福她的孩子早日康复。

一周后，温森的朋友告诉温森，那个向他要钱的女子是个骗子。温森听后惊奇地问道："你敢肯定根本没有一个孩子病得快要死了这回事？"朋友做了肯定的回答。温森长长出了一口气，微笑道:"这真是我一个星期以来听到的最好的消息。"

温森的支票，对于他而言是已经付出的不可回收的成本，他以博大的胸怀坦然面对自己的"失"，这是一种对待沉没成本的正确态度。

如果你预订了一张电影票，已经付了票款而且不能退票，但是看了一半之后觉得很不好看，你该怎么办?

这时有两种选择：忍受着看完，或退场去做别的事情。

两种情况下你都已经付钱，所以不应该再考虑钱的事。当前要做的决定不是后悔买票了，而是决定是否继续看这部电影。因为票已经买了，后悔已经于事无补，所以应该以看免费电影的心态来决定是否再看下去。

从理性的角度说沉没成本是不应该影响我们决策的，因为不管你是不是继续看电影，你的钱已经花出去了。作为一个理性的决策者，你应该仅仅考虑将来要发生的成本（比如需要忍受的狂风暴雨）和收益（看电影所带来的满足和快乐）。

有一个人，总是戴着一条颜色很难看的领带。当他的朋友终于忍不住告诉他这条领带并不适合他时，他回答："唉，其实我也觉得这条领带不是很适合我，可是没办法，花了500多块钱买的，总不能就让它在抽屉里睡大觉吧？那不是白白浪费了吗？"

这种情况十分普遍，人们在做决策的时候，往往不能割舍沉没成本，不少人还将整个人生陷入沉没成本的泥潭里无法自拔，毫无音乐细胞的人坚持把钢琴学下去，因为耗资不菲的钢琴，并且已经花不少钱报了钢琴班；两个性格不合的情侣早就没有了爱情和甜蜜，勉强在一起只因为已经在一起这么久了，为对方已经付出了那么多，怎么也耗到结婚吧……

其实，我们应该承认现实，把已经无法改变的"错误"视为昨天经营人生的坏账损失和沉没成本，以全新的面貌面对今天，这才是一种健康的、快乐的、向前看的人生态度，以这样的态度面对人生才能轻装上阵，才会有新的成功、新的人生和幸福。

忘记沉没成本，向前看

皮皮和爸爸最近住在一户人家的花园里。那家人很热情，他们9岁的儿子很喜欢狗，除了皮皮和爸爸，花园里还有一只可爱的小狼狗，主人常给小狼狗洗澡，带它晒太阳，皮皮看得出，这条小狼狗与这家人的感情很好。

但是有一天，皮皮听到了一阵惨叫，它发现小狼狗被隔壁的大狗给咬死了。皮皮大叫，主人和他 9 岁的儿子赶紧出门，看到这幕惨剧，主人的儿子十分伤心，他拿着棍子就去打那条大狗。

主人却一把把他抱住："既然我们的狼狗已经死了，就不要再伤害另外一条狗了。我相信，它也不是故意的。"

满脸泪痕的小孩被主人带进了屋，皮皮不满了："这个男主人真是冷血，自己的宠物被咬死了，也不报仇，就这样算了，真没感情。"

皮皮爸爸说："反正都死了，就算把那条大狗杀死，这条小狼狗也是不可能复活的，这样的沉没成本何必让它再增加呢？"

皮皮摇头表示不明白。

皮皮爸爸接着启发他："好比一盆水被泼在地上，你再努力也不

可能把它收回来，所以不如放弃，这就是已经成为定局的沉没成本。"

皮皮似懂非懂。

覆水难收比喻一切都已成为定局，不能更改。在经济学中，我们引入"沉没成本"的概念，代指已经付出且不可收回的成本。就好比小狼狗被大狗咬死已经成为定局，如果再打死大狗，也无法挽回，却还要赔偿那家主人，所以，此刻就不能冲动。

当然，除了"冤枉钱"以外，沉没成本有时候只是商品价格的一部分。

这天，主人推着刚买不久的自行车去卖，下午回来的时候，一脸不高兴。儿子上前问道："爸爸，你怎么了？"

"我才买的车，还是新的呢，结果到了市场上，他们每个人的开价都是那么低，我真是亏死了。"主人一肚子怨气。

"不要生气了，如果你不卖，过几天价格会更低的。"儿子安慰他。

爸爸对皮皮说："其实这也是沉没成本的一种表现。"

故事中，主人买了一辆自行车，骑了几天后低价在二手市场卖出，此时原价和他的卖出价间的差价就是沉没成本。在这种情况下，沉没成本随时间而改变，那辆自行车骑的时间越长，一般来说卖出的价会越低，这是不可避免的，当一项已经发生的投入无论如何也无法收回时，这种投入就变成了沉没成本。

每一次选择我们都要付出行动，每一次行动我们都要投入。不管我们前期所做的投入能不能收回、是否有价值，在做出下一个选择时，我们不可避免地会考虑这些。最终，前期的投入就像坚固的铁链一样，把我们牢牢锁在原来的道路上，无法做出新的选择，而且投入越大，我们便被锁得越结实。可以说，沉没成本是路径依赖现象产生的一个主要原因。

总之，对于沉没成本不需要计较太多，就好像覆水难收，过去的就让它过去吧。这其实也是一种乐观主义精神，只要坚持下去，任何事情都会有回报的。朝前看，不回头，这样才正确。

小数法则：
以"小"见"大"需理性

小数法则的决策不理性

盲人摸象的故事可谓家喻户晓，四个盲人根据自己片面的理解就断定了大象的样子。现实生活中的"盲人"也不少。常常看到很多人热心地根据自己的经历来告诫别人："所有男人都是信不过的！""这个世界没有爱情""真心付出永远没有回报""这个世界没有值得爱的女人""真爱只有一次"……这些言论未免过于极端，也正是小数法则的作用效果。

所谓小数法则，指人类行为本身并不总是理性的，在有些情况下，我们总是会不由自主地以自己的视角或已知的少数例子作为衡量标准，并以此来推测和下结论，导致思维出现系统性偏

小数法则决策
的不理性

见，采取并不理性的行为。

例如，有的人投资一次股票就惨遭失败，于是便轻易地做出很绝对的定论——股票碰不得，股票都是有亏钱的。这样不仅会影响个人对事物的判断能力，而且这种在"小数法则"影响下所产生的想法也会给他们以后的人生投资带来困扰。如果不尝试着从一段失败的投资中总结经验并尽快走出来，那么他的投资梦想恐怕真的只能是梦想了。

因为每个人已知的领域有所不同，便会对同一事物持有不同的看法，造成决策和判断上的差别。在盲人摸象的过程中，每个人都以偏概全，根据自己所了解的一小部分来对整个大象的形象妄加评论，最终导致了"差之毫厘，谬以千里"的结果。这就是

"小数法则"。

其实，小数法则除了在生活中有体现之外，更广泛的运用还是在经济领域。比如，股民发现某只稳定的股票突然在一夜之间就暴涨了许多个点，也没有进行事实的确认或考察，就断定这家公司在进行改组，会有大的发展势头，便一下子买进了许多，几乎把自己在股市中的所有投资都放到了这家公司上。岂不知，几天之后，股价又大跌，原来是有人故意在股市上做手脚。结果，所有的钱都打了水漂。又如，普通的消费者极容易受舆论导向的影响，当听到有人说某种食品能抵抗某种传染病的时候，就会大批量地从超市中买回家囤积，即使价格大涨也毫不在乎，而且还会觉得很有成就感。但是不久之后才会发现，之前听说的都只是谣言。再如，厂家的生产产量是要根据市场需求来安排的。某生产商在1月的销售量是50万件，就推断全年的销售量会达到600万件。于是，就按照预算开始生产，但是到了年底，却发现，仓库里还积压了好多货。原来，1月是该产品的需求旺季，过了那几个月，就不会有那么高的销售量了。生产商根据1月预计全年的方法显然失算了。这些都是有失偏颇的，片面地根据某一现象而妄下决策，将会与事实出现很大的反差。

在概率论中，有一个与小数法则相对应的大数定律，通俗地说，就是统计的样本越大，最后统计出的数据越接近真实结果。例如，统计一个城镇的人民平均生活水平，抽查了5户，年平均收入是1万元，马上下结论说该城镇的生活水平很高，是不科学严谨的。因为可能那个城镇每户的年平均收入只有 5000 元钱，只是碰巧抽查的那几户是生活条件比较好的。

众所周知，"有的男人信不过"和"所有男人都信不过"是两个完全不同性质的结论；"这个世界不是每个女人都值得爱"和"这个世界没有值得爱的女人"也是完全不同的命题。

但为什么那么多人会犯如此低级的逻辑错误呢？原因在于大数定律在一般人身上是失效的，他们运用的是小数法则，即根据自己的亲身经历或者知道的少数例子来推测及下结论。例如，在一位长期合作的客户那里拿到一次质量不高的货物，就认为所有的货物都不可靠；在某个城市做生意赔本了，就认为那个城市不适合生意的扩展；看到同行业的其他企业都遇到生产销售的瓶颈，就认为自己的公司也会遇到同样的问题；做对了一次决定，就立即做其他决定，开始任由其他人发表意见，而不在乎其正确与否……这样的人是不受人尊敬和崇拜的，因为他们是弱者，让小数法则控制了他们的思想，甚至摧毁了他们的人生。所以，在生活中，要尽量摆脱小数法则对自己的影响，做一个生活的强者和明智的决策者。

不要因"小"失"大"

有的人会因为要攒足积分来兑换一些价值不高的小礼品，而去大量地购物消费；有的人会因为省几块钱，而打车去某个商店买东西，等等。这些不明智的事情，偏偏有的人在当时就是意识不到。赌博的人也大多有这种"小数法则"的心理，所以，在赌徒身上，经常会看到"越赌越输，越输越赌"的恶性循环。

一名赌徒在打赌硬币是正面朝上或是背面朝上时的情景。如果硬币正面朝上或朝下确实是随机的话，那么该名打赌者在任何一次压注时赢的概率都是 0.5。假设这个人接连赌了 5 次，每次他都赌硬币正面朝上，而每次结果却都是背面朝上。现在他要赌第 6 次了，他该赌正面朝上还是背面朝上呢？或者说这时硬币正面朝上的概率大还是背面朝上的概率大呢？显然，投掷硬币时连续 5 次背面朝上是很不寻常的，这样的事件发生的概率非常低，赌徒注意到了这一点，所以，在下一次压注时，他加大了赌注，依然赌了正面向上，在硬币连续 5 次背面朝上后，他越发相信硬

币将正面向上了。结果很不幸，这位打赌者又一次输了。打赌者的错误就在于对概率规律的应用，一枚硬币应该有一半的时候正面朝上，但这个规律只有在次数非常多的时候才可能成立。对于很少的尝试次数而言，这些规律不适用。那名赌徒所忽略的是，每次硬币投掷都与之前的那些次没有任何关系，每次硬币投掷出现正反面的概率都是 0.5。其实，赌徒对于第 6 次的尝试不会比前面的 5 次更有把握。正面朝上的概率依然没变。

其实，人生也像一场长久的赌局，每个人都必须在这赌场中认真地玩这个赌博的游戏，用自己的付出，博明天的获得。赌局中人的期望是能在最大程度上利用赌博的规则，做出最佳的决策，也就是通过规则引导自身所得的增加。但不是每个人都能在赌局中获得令自己满意的收获，输了怎么办？难道像大多数赌徒那样继续错下去吗？

当然不是，掷硬币这类的事件是有一定规律在支撑的，而规律是客观存在的，不以人的意志为转移。但是生活却和掷硬币有本质的区别，生活是可以由自己支配，自己掌控的。每个人在参与人生这场赌局的同时，也在自己掌控着这场赌局。得意的时候要谨慎，防止乐极生悲；失意的时候也不必沮丧，要相信柳暗花明。而且，无论是得意还是失意，都不会是长久保持的状态。所以，不要因为一件不顺心的事情就抱怨自己命运不济，也许好运就会在下一秒来临；也不要因为一时的幸运而认为自己就是幸运儿，也许周围就有可怕的陷阱。

消费者剩余效应：
在花钱中学会省钱

愿意支付 vs 实际支付

在南北朝时，有个叫吕僧珍的人，世代居住在广陵地区。他为人正直，很有智谋和胆略，受到人们的尊敬和爱戴。有一个名叫宋季雅的官员，被罢官后，由于仰慕吕僧珍的人品，特地买下吕僧珍宅子旁的一幢普通房子，与吕为邻。一天吕僧珍问宋季雅："你花了多少钱买这幢房子？"宋季雅回答："1100金。"吕僧珍听了大吃一惊："怎么这么贵？"宋季雅笑着回答："我用100金买房屋，用1000金买个好邻居。"

这就是后来人们常说的"千金买邻"的典故。"1100金"的价钱买一幢普通的房子，一般人不会做出如此选择，但是宋季雅

认为很值得，因为其中的"1000金"是专门用来"买邻"的。

消费者在买东西时对所购买的物品有一种主观评价，这种主观评价表现为他愿意为这种物品所支付的最高价格，即需求价格。这种需求价格主要有两个决定因素：一是消费者满足程度的高低，即效用的大小；二是与其他同类物品所带来的效用和价格的比较。

在一场小型拍卖会上，有一张绝版的专辑在拍卖，小秦、小文、老李、阿俊4个人同时出现。他们每个人都想拥有这张专辑，但每个人愿意为此付出的价格都有限。小秦的支付意愿为100元，小文为80元，老李愿意出70元，阿俊只想出50元。

拍卖会开始了，拍卖者首先将最低价格定为20元，开始叫价。由于每个人都非常想要这张专辑，并且每个人愿意出的价格远远高于20元，于是价格很快上升。当价格高于50元时，阿俊不再参与竞拍。当专辑价格再次提升为70元时，老李退出了竞拍。最后，当小秦愿意出81元时，竞拍结束了，因为小文也不愿意以高于80元的价格购买这张专辑。

那么，小秦究竟从这张专辑中得到什么利益呢？实际上，小秦愿意为这张专辑支付100元，但他最终只为此支付了81元，比预期节省了19元。这19元就是小秦的消费者剩余。

消费者剩余是指消费者购买某种商品时，所愿支付的价格与实际支付的价格之间的差额。例如，对于一个正处于饥饿状态的人来说，他愿意花8元买一个馒头，而馒头的实际价格是1元，则他愿意为一个馒头支付的最高价格和馒头的实际市场价格之间的差额是7元，这7元就是他获得的消费者剩余的量。

在西方经济学中，这一概念是马歇尔提出来的，他在《经济学原理》中为消费者剩余下了这样的定义："一个人对一物所付的价格，绝不会超过而且也很少达到他宁愿支付而不愿得不到此物的价格。因此，他从购买此物中所得到的满足，通常超过他因付出此物的代价而放弃的满足，这样，他就从这种购买中得到一种满足的剩余。他宁愿付出而不愿得不到的此物的价格，超过他实际付出的价格的部分，就是这种剩余满足的经济衡量。这个部分可以称为消费者剩余。"

消费者剩余的真正根源其实就是成本。众所周知，人们想要获得任何东西都必须支付一定的成本，消费者剩余也不例外。消费者剩余的提供是需要成本的，想要获得消费者剩余，就必须支付这一成本。消费者在消费中作为剩余获得的免费收益并不是由消费者自己承担的，而是由消费者的前人和后人承担与提供的，消费者没有付出任何货币或者是努力而凭空得到了消费者剩余。前人为消费者承担的成本，主要体现在知识和科学技术上。在市场经济中，由知识和技术等要素所带来的以外部正效应形式存在的那一部分效用实际上并没有被价格机制衡量出来。也就是说，价格机制衡量出来的效用要低于它的实际效用，它们的差额就是由知识和技术等要素所带来的效用。人们花费货币买到的效用大于与他支付的货币所等价的效用，人们没有为此付费而得到了一部分效用，这部分效用就来源于知识和技术等，也意味着前人替我们承担了成本。

在市场经济中，很多商家为了赚取更多的利润，会尽量让消费者剩余成为正数，于是采取薄利多销的销售策略，以此吸引更多的消费者前来购买商品。但是，我们会发现一种非常奇怪的现象，你在高档的精品屋里打折买来的东西，却与普通商场中不打折时的价格差不多，因为你被商家打折的手法诱惑了，你获得的过多的消费者剩余只是心理的满足，而付出的是自己的真金白银。

不上"一口价"的当，省不省先"砍"一下再说

很多商家为了降低成本使其利润最大化，常常会采取一些忽悠的手段来诱骗消费者购买自己的产品。

消费者想买实惠，销售者想赚实利；消费者想尽量砍低价钱，销售者则想方设法抬高价格且不让消费者看出来。于是，有些商家为了使消费者不好砍价，就与厂家联合起来在商品标签上大做文章，故意标上诸如"全国统一零售价""销售指导价"等字样，或者自行张贴"一口价""不还价"等店堂声明、告示，以此忽悠消费者。很多消费者信以为真，以为其所售的商品真就不能砍价，结果"一口价"买的却是"忽悠价"。

尤其在网上购物时，我们经常会遇到一口价商品，但不要认为标明一口价就不能议价了，这只是障眼法。一些不够精明的人往往被卖方的一口价忽悠住，以真正物品价值的几倍价钱买下商品，而自己还被蒙在鼓里。

不要上"一口价"的当，看商品谈价钱，能砍则砍，不能砍，可以尝试着要求卖家通过其他方式降低一些价格，例如免邮费、化零为整等。

一口价的陷阱不仅体现在虚假的报价上，一口价还经常打着特价商品的旗号来迷惑消费者，使之跌入陷阱。

年关将至，某品牌皮鞋店打出"店庆十周年，特价大酬宾"

的宣传条幅，活动期间所有商品"一口价"甩卖，数量有限，先到先得。冲着该品牌及价位，许先生花了130元购买了一双男式休闲皮鞋，可穿了还不到一个礼拜，鞋底两边就裂开了缝。于是，许先生带着这双皮鞋和购物发票到商店要求退货或更换。没想到，商家当场予以拒绝，特价商品无三包，既然是特价就说明商品本身质量有问题，要不也不会这么便宜就卖了。面对商家冠冕堂皇的解释，许先生想不出任何反驳的理由，因为他当时确实是冲着鞋的价位去的，如今只能自认倒霉了，他只好把鞋带回了家。

商家打着"一口价"的幌子，以所谓低价销售的手段，蒙骗消费者，逃避自己本来应当承担的退换和售后服务的责任，显然消费者又当了一次"冤大头"。或许有的时候一口价真的很低，

但是当你以为自己真的捡了个便宜的时候，你可能完全忽略了商品的质量和售后服务问题。

"一口价""全市最低价"，在这些诱人的广告宣传语下，消费者不要自认为占了大便宜，很有可能你已经跌进商家设下的陷阱里了。所以，面对一口价，要么将"砍"进行到底，要么横眉冷对之。

前景理论：

"患得患失"是一种纠结

面对获得与失去时的心理纠结

有个著名的心理学实验：假设你得了一种病，有十万分之一的可能性会突然死亡。现在有一种吃了以后可以把死亡的可能性降到0的药，你愿意花多少钱来买它呢？或者假定你身体很健康，医药公司想找一些人来测试新研制的一种药品，这种药用后会使你有十万分之一的概率突然死亡，那么医药公司起码要付多少钱你才愿意试用这种药呢？

实验中，人们在第二种情况下索取的金额要远远高于第一种情况下愿意支付的金额。我们觉得这并不矛盾，因为正常人都会做出这样的选择，但是仔细想想，人们的这种决策实际上是相互

矛盾的。第一种情况下是你在考虑花多少钱消除十万分之一的死亡率，买回自己的健康；第二种情况是你要求得到多少补偿才肯出卖自己的健康，换来十万分之一的死亡率。两者都是十万分之一的死亡率和金钱的权衡，是等价的，客观上讲，人们的回答也应该是没有区别的。

为什么两种情况会给人带来不同的感觉，让人做出不同的回答呢？对于绝大多数人来说，失去一件东西时的痛苦程度比得到同样一件东西所经历的高兴程度要大。对于一个理性的人来说，对"得失"的态度反映了一种理性的悖论。由于人们倾向于对"失"表现出更大的敏感性，往往在做决定时会因为不能及时换位思考而做出错误的选择。

一家商店正在清仓大甩卖，其中一套餐具有 8 个菜碟、8 个汤碗和 8 个点心碗，共 24 件，每件都完好无损。同时有一套餐具，共 40 件，其中有 24 件和前面那套的种类大小完全相同，也完好无损，除此之外，还有 8 个杯子和 8 个茶托，不过两个杯子和 7 个茶托已经破损了。第二套餐具比第一套多出了 6 个好的杯子和 1 个好的茶托，但人们愿意支付的钱反而少了。

一套餐具的件数再多，即使只有一件破损，人们就会认为整套餐具都是次品，理应价廉；件数少，但全部完好，就成为合格品，当然应当高价。

在生活中，人们由于有限理性而对"得失"的判断屡屡失误，成了"理性的傻瓜"。

工人体育场将上演一场由众多明星参加的演唱会，票价很高，需要 800 元，这是你梦寐以求的演唱会，机会不容错过，因此很早就买到了演唱会的门票。演唱会的晚上，你正兴冲冲地准备出门，却发现门票没了。要想参加这场演唱会，必须重新掏一次腰包，那么你会再买一次门票吗？假设另一种情况，同样是这场演唱会，票价也是 800 元。但是这次你没有提前买票，你打算到了工人体育场后再买。刚要从家里出发的时候，你发现买票的 800 元弄丢了。这个时候，你还会再花 800 元去买这场演唱会的门票吗？

与在第一种情况下选择再买演唱会门票的人相比，在第二种情况下选择仍旧购买演唱会门票的人绝对不会少。同样是损失了

800 元，为什么两种情况下会有截然不同的选择呢？其实对于一个理性的人来说，他的理性是有限的，在他的心里，对每一枚硬币并不是一视同仁的，而是视它们来自何方、去往何处而采取不同的态度。这其实是一种非理性的思考。

前景理论告诉我们，在面临获得与失去时，一定要以理性的视角去认识和分析风险，从而做出正确的选择。

把握好风险尺度，别错失良机

有一年，但维尔地区经济萧条，不少工厂和商店纷纷倒闭，被迫贱价抛售自己堆积如山的存货，价钱低到 1 美元可以买到 100 双袜子。

那时，约翰·甘布士还是一家纺织厂的小技师。他马上把自己积蓄的钱用于收购低价货物，人们见到他这股傻劲，都嘲笑他是个蠢材。

约翰·甘布士对别人的嘲笑漠然置之，依旧收购各工厂和商店抛售的货物，并租了很大的货仓来存货。

他妻子劝他说，不要买这些别人廉价抛售的东西，因为他们历年积蓄下来的钱数量有限，而且是准备用作子女学费的，如果此举血本无归，那么后果不堪设想。

对于妻子忧心忡忡的劝告，甘布士安慰她道："三个月以后，我们就可以靠这些廉价货物发大财了。"

过了十多天，那些工厂即使贱价抛售也找不到买主了，便把所有存货用车运走烧掉，以此稳定市场上的物价。

他妻子看到别人已经在焚烧货物，不由得焦急万分，便抱怨甘布士。对于妻子的抱怨，甘布士一言不发。

终于，美国政府采取了紧急行动，稳定了但维尔地区的物价，并且大力支持那里的厂商复业。

这时，但维尔地区因焚烧的货物过多，存货欠缺，物价一天天飞涨。约翰·甘布士马上把自己库存的大量货物抛售出去，一来赚了一大笔钱，二来使市场物价得以稳定，不致暴涨不断。

在他决定抛售货物时，他妻子又劝告他暂时不要把货物出售，因为物价还在一天一天飞涨。

他平静地说："是抛售的时候了，再拖延一段时间，就会追悔莫及。"

果然，甘布士的存货刚刚售完，物价便跌了下来。他的妻子对他的远见钦佩不已。

后来，甘布士用这笔赚来的钱开设了五家百货商店，成为全美举足轻重的商业巨子。

事实上，冒险具有一定的危险性，抓住机遇也是件很不容易的事情，并不是每个人想做就能做到。正因为如此，冒险才显得那么重要，冒险也才有冒险的价值。但冒险的目的并不是为了找刺激，我们应有冒险精神，但是不要盲目冒险，才能真正抓住风险中的商机，圆自己的财富之梦。

第六章

管理原理

二八法则：
抓住起主宰作用的"关键"

无所不在的二八法则

理查德·科克在牛津大学读书时，一个学长告诉他千万不要上课，"要尽可能做得快，没有必要把一本书从头到尾全部读完，除非你是为了享受读书本身的乐趣。在你读书时，应该领悟这本书的精髓，这比读完整本书有价值得多"。这位学长想表达的意思实际上是一本书 80% 的价值，在 20% 的页数中就已经阐明了，所以只要看完整本书的 20% 就可以了。

理查德·科克很喜欢这种学习方法，而且一直将其沿用下去。牛津并没有一个连续的评分系统，课程结束时的期末考试就足以裁定一个学生在学校的成绩。他发现，如果分析过去的考试试题，会发现把所学到与课程有关的知识的 20%，甚至更少，准备充分，就有把握回答好试卷中 80% 的题目。这就是为什么专精于一小部分内容的学生，可以给主考人留下深刻的印象，而那些什么都知道一点，但没有一门精通的学生却考不出好成绩。这个心得让他不用披星戴月、终日辛苦地学习，但依然取得了很好的成绩。

理查德·科克到壳牌石油公司后，在炼油厂工作。他很快就意识到，像他这种既年轻又没有什么经验的人，最好的工作也许是咨询业。所以，他去了费城，并且比较轻松地获取了 Wharton 工商管理的硕士学位，随后加盟了一家顶尖的美国咨询公司，第一个月，他领到的薪水是在壳牌石油公司的 4 倍。

就在这里，理查德·科克发现了许多运用二八法则的实例。咨询行业 80% 的成长，几乎全部来自专业人员不到 20% 的公司，而 80% 的快速升职也只有在小公司里才有——有没有才能根本不是主要的问题。

当理查德·科克离开第一家咨询公司，跳槽到第二家的时候，他惊奇地发现，新同事比以前公司的同事更有效率。

怎么会出现这样的现象呢？新同事并没有更卖力地工作，但他们充分利用了二八法则，他们明白，80% 的利润是由 20% 的客户带来的，这条规律对大部分公司来说都行之有效。这样一个规律意味着两个重大信息：关注大客户和长期客户。大客户所给的任务大，这表示你更有机会运用更年轻的咨询人员；长期客户的关系造就了依赖性，因为如果他们要换另外一家咨询公司，就会增加成本，而且长期客户通常不在意价钱问题。

对大部分的咨询公司而言，争取新客户是重点工作，但在他的新公司里，尽可能与现有的大客户维持长久关系才是明智之举。

不久后，理查德·科克确信，对于咨询师和他们的客户来说，努力和报酬之间也没有什么关系，即使有也是微不足道的。聪明人应该看重结果，而不是一味地低头做事。相反，仅仅凭着脑子聪明和做事努力，不见得就能取得顶尖的成就。

二八法则无论是对企业家、商人还是电脑爱好者、技术工程师和其他任何人，意义都十分重大。这条法则能促进企业提高效率，增加收益；能帮助个人和企业以最短的时间获得更多的利润；能让每个人的生活更有效率、更快乐；它还是企业降低服务成本、提升服务质量的关键。

二八法则的运用

微软的创始人比尔·盖茨曾开玩笑似的说，谁要是挖走了微软最重要的约占 20% 的几十名员工，微软可能就完了。这里，盖茨告诉了我们一个秘密：一个企业持续成长的前提，就是留住关键人才，因为关键人才是一个企业最重要的战略资源，是企业价值的主要创造者。

留住你的关键人才，因为关键人才的流失对一个企业来讲是致命的。

因此，在任何时候，你都要和他们保持良好的沟通，这种沟通不仅是物质上的，更是心理上的，让他们觉得自己在公司具有举足轻重的地位。如果他们感觉到老板对自己的赏识，他心中会升华出一种责任感，从而愿意与公司共进退。

一家西方知名公司的首席执行官刚刚实行了一项革命性的举措——部门经理每季度提交关于那些有影响力、需要加以肯定的职员的报告。这位首席执行官与他们交谈，感谢他们的贡献，并就公司如何提高效率向他们征求意见。通过这一举措，这位首席执行官不仅有效留住了关键性的人才，还得到了他们对公司的持续发展提供的大量建议。

另外，要仔细分析关键人才在什么情况下业绩最佳，在那段时间内，他们是如何工作的。因为即使是一个关键人才，他的业绩也不是每个季度、每个月都一样。根据二八法则，找出他们创造了80%的业绩的20%的工作时间，来分析他们在那段时间内创造佳绩的原因。

让关键人才来训练你打算留下来的人员，经过一个阶段之后，在受训人员中淘汰掉表现较差的一部分，只保留表现最好的20%，把80%的训练计划和精力放在他们身上，力争他们也成为公司的关键人才。这样，长江后浪推前浪，整个公司的业绩也就上升了。

一位著名的管理学者说："成功的人若分析自己成功的原因，就会发现二八法则在自己成功的道路上发挥了巨大的作用。80%的成长、获利和发展，来自20%的客人。公司至少应知道这20%是谁，才可能清楚看到未来成长的前景。"

1998年，在梅格·惠特曼出任eBay（易趣网）公司首席执行官五个星期之后，她主持了一次为期两天的会议，讨论收缩销售战线的问题，并再次检查用户数据。如果了解eBay公司每个卖家的交易量（当然这由eBay公司负责），你就可以很容易地列出双栏表格。第一栏按照递减顺序，也就是按照交易量从最大到最小的顺序将客户排列下来。第二栏进行交易量累计（例如第一栏中，第一名客户的交易量为5万美元，第二名客户的交易量为4万美元，那么，在第二栏中，对应第一名客户的交易量累计将会是 5 万美元，而对应第二名客户的交易量累计则为 9 万美元）。现在，看看第二栏，我们可以找到累计销售额占 eBay 公司总销售额 80% 的客户，从中我们可以知道 eBay 公司销售的集中程度怎样。

经过两天的整理和排列，惠特曼和她的团队发现，eBay 公司 20% 的用户，占据了公司总销售量的 80%。这个消息并非听听而已，它提醒大家，针对这 20% 客户的决策对于 eBay 公司的发展和收益非常关键。当 eBay 公司的管理者追踪这 20% 核心用户的身份时，他们发现这些人大都是收藏家。因此，惠特曼和她的团队决定不再像其他网站那样，通过在大众媒体上做广告去吸引客户，转而在收藏家更容易关注的玩偶收藏家、玛丽·贝丝的无檐小便帽世界等收藏专业媒体和收藏家交易展上加大宣传力度，这一决策成为 eBay 成功的关键。

将注意力集中在核心用户身上，促成了 eBay 公司大销售商计划的诞生。该计划旨在通过提升核心客户的表现，从而带动 eBay 公司自身有更好的表现。该计划向三类大销售商提供了特权和认可，他们分别是铜牌用户，每月销售 2000 美元；银牌用户，每月销售 10000 美元；金牌用户，每月销售 25000 美元。只要大销售商获得了买家的好评，eBay 公司就会在这个销售商的名字旁边加注一个专用徽标，并给他们提供额外的客户支持。比如，金牌销售商可以拥有 24 小时客户支持的热线电话。

由此可见，在公司管理中，要运用二八法则来调整管理的策略，就要首先清楚掌握公司在哪些方面是赢利的、哪些方面是亏损的，只有对局势有了全面的了解，才能对症下药，制定出有利于公司发展的策略。如果脑袋里是一笔糊涂账，就无从谈起二八法则的运用，而那些琐碎、无用的事情将继续占据你的时间和精力。所以首要的任务是对公司做一次全面的分析，细心检查公司里的每个细微环节，理出那些能够带来利润的部分，从而制定出一套有利于公司成长的策略。

你要找出公司里什么部门业绩平平，什么部门创造了较高利润，又有哪些部门带来了严重的赤字。通过分析比较，你就会发现哪些因素在公司中起到举足轻重的作用，而另一些则在公司中的作用微不足道。

在企业经营中，少数的人创造了大多数的价值，获利80%的项目只占企业全部项目的20%。因此，你应该学会时刻注重那关键的少数，提醒自己把主要的时间和精力放在那关键的少数上，而不是用在获利较少的多数上，泛泛地做无用功。

犯人船理论：
制度比人治更有效

没有规矩，不成方圆

18 世纪，英国政府为了开发新占领的殖民地——澳大利亚，决定将已经判刑的囚犯运往此地。从英国到澳大利亚的船运工作由私人船主承包，政府支付长途运输费用。据英国历史学家查理·巴特森写的《犯人船》记载，1790 ~ 1792 年，私人船主运送犯人到澳大利亚的 26 艘船共 4082 人，死亡 498 人，死亡率很高。其中有一艘名为"海神"号的船，424 个犯人中死了 158 人。英国政府不仅经济上损失巨大，而且在道义上受到社会的强烈谴责。

对此，英国政府实施了一种新制度以解决问题。政府不再按上船时运送的囚犯人数支付船主费用，而是按下船时实际到达澳

大利亚的囚犯人数付费。新制度立竿见影。据《犯人船》记载，1793 年，3 艘新制度下航行的船到达澳大利亚后，422 名罪犯只有 1 人死于途中。此后，英国政府对这些制度继续改进，如果罪犯健康良好还给船主发奖金。这样，运往澳大利亚罪犯的死亡率明显下降。

如果从我们熟悉的一般思维方式上寻找解决以上犯人死亡问题的方法，一般可以列举出两种，对船主进行道德说教，寄希望于私人船主良心发现，为囚犯创造更好的生活条件，或者政府进行干预，使用行政手段强迫私人船主改进运输方法。但以上两种做法都有实施难度，同时效果也许甚微。然而，新的制度却既可以顺应船主们牟利的需求，也使得犯人平安到达目的地。

这就是制度的作用。所谓制度，就是约束人们行为的各种规矩。"没有规矩，不成方圆。"制度在维护经济秩序方面起着重要作用。一个好的制度一方面可以避免人们在经济生活中的盲目性，形成统一的管理和流程，例如财务制度的建立，使得公司内部资金使用十分规范，人们只需按照相应的规定行事即可；另一方面，制度能规避机会主义行为。

制度的最大受益者是遵循制度的人

合理的制度确实可以对不规范的行为起到良好的约束与引导作用。阿里巴巴集团创办的支付宝，在电子商务一度遭受信用质疑的时刻横空出世，化繁为简，填补了中国金融业在电子商务领域的空白，让每一个消费者都可以放心地进行网上交易。支付宝取得成功的原因就在于取得了消费者的信任，而它之所以能够取得信任，就在于通过严格的制度，规范了网上交易的程序，买主和卖主的权益都得到了最大程度的保障。

可见，无论是公司的制度，还是国家的制度，跟我们每一个人都有紧密的关系。往往一个新制度的产生，会给社会带来不可估量的影响。虽然"犯人船理论"最初是源自对犯人的约束，但最终，每一个守规矩的人，都是制度最大的受益者。

公平理论：

绝对公平是乌托邦

绝对的公平根本不存在

有些人不仅关心自己的所得所失，而且还关心别人的所得所失。他们是以相对付出和相对报酬全面衡量自己的得失，如果得失比例和他人相比大致相当时，就会心理平静，认为公平合理，从而心情舒畅；比别人高则令其兴奋，这是最有效的激励，但有时过高会带来心虚，不安全感激增；低于别人时同样会令其产生不安全感，心理不平静，甚至满腹怨气，工作不努力、消极怠工。因此分配合理性常是激发人在组织中的工作动机的因素和动力。

早在1965年，美国心理学家约翰·斯塔希·亚当斯就已提出"公平理论"，员工的受激励程度来源于对自己和参照对象的报酬和投入的比例的主观比较感觉。该理论认为，人能否受到激励，不但由他们得到了什么而定，还要由他们所得与别人所得是否公平而定。

下面，一起来看古代《百喻经》里的一个"二子分财"的例子：

古印度有这样的习俗，父母死后要为子女留下财产，而子女之间要平分财产。有一位富商，晚年得了重病，知道自己快要死了，于是便告诉他的儿子们要平分财产。两个儿子遵照他的遗言，在他死后，提出各种平分财产的方案，可是无论哪个方案，兄弟二人都不能同时满意。

就在他们为平分遗产发愁的时候，有一个愚蠢的老人来他们家做客，见此状况，便对两兄弟说："我教你们分财物的办法，一

定能分得公平，就是把所有的东西都破开成两份。怎么分呢？衣裳从中间撕开，盘子、瓶子从中间敲开，盆子、缸子从中间打开，钱也锯开，这样一切都是一人一半。"兄弟二人听到这位愚人的建议，顿然醒悟，总算找到平分遗产的方法了。但当他们按这样的方法分完遗产，才发现所有的东西都不能用了……

绝对的公平是不存在的。如果完全都按照数量上的平等来分，就会出现这种形而上学的笑话。所以，效率和公平要兼顾。

公平与否的判定受到个人的知识、修养的影响，再加上社会文化的差异，以及评判公平的标准、绩效的评定的不同等，在不同的社会中，人们对公平的观念也是不同的。但是，面对不公平待遇时，为了消除不安，人们选择的反应行为却大致相同，或者通过自我解释达到自我安慰，主观上造成一种公平的假象；或者更换比较对象，以获得主观上的公平；或者采取一定行为，改变自己或他人的得失状况；或者发泄怨气，制造矛盾；或者选择暂时忍耐或逃避。

寻找公平与效率之间的完美平衡点

在经济学上，公平与效率是个永久的话题，很多人认为两者不可兼得，要么牺牲效率，获得相对的更加公平；要么牺牲公平，去追求更大的效率。事实就是这样，最公平的方案不一定就是最有效的。

两个孩子得到一个橙子，但是在分配的问题上，两人并不能统一。两个人吵来吵去，最终达成了一致意见，由一个孩子负责切橙子，而另一个孩子选橙子。最后，这两个孩子按照商定的办法各自取得了一半橙子，高高兴兴地拿回家去了。其中一个孩子把半个橙子拿到家，把橙子皮剥掉扔进了垃圾桶，把果肉放到果汁机里榨果汁喝；另一个孩子回到家把果肉挖掉扔进了垃圾桶，把橙子皮留下来磨碎了，混在面粉里烤蛋糕吃。

　　两个"聪明"的孩子想到了一个公平的方法来分橙子：如果切橙子的孩子不能将橙子尽量分成均等两半，那么另一个孩子肯定会先选择较大的那一块，所以这就迫使他要进行均匀的分配，

否则吃亏的就是自己。这似乎是一个"完美"的公平方案，结果双方也都很满意。然而，他们各自得到的东西却未能物尽其用，这个公平的方案并没有让双方的资源利用效率达到最优。

如果将橙子果肉掏出，全部给需要榨果汁的小孩，把橙皮全部留给需要橙皮烤蛋糕的小孩，这样就避免了果肉和果皮的浪费，达到了资源利用的最大化。但对两个小孩来说，这样的方案，他们会觉得不公平而拒绝接受。许多公司为了避免员工的不公平心理对工作效率造成影响，都对员工工资采取保密措施，使员工相互不了解彼此的收入，从而无法进行比较。这种做法有些类似于"纸里包火"。其实，若想要规避不公平心理的负面效应，不但要公开大家的付出与所得，还需要建立合理的工作激励机制，以及公正的奖罚制度，并严格执行下去。

然而事实上，要提高效率，难免就会存在不平等。要实现平等，则往往要以牺牲效率为代价。世上没有绝对的公平，公平永远是相对的。所以对于我们个人来说，不要刻意去为点滴的不公而大动干戈，也不要为过于追求效率而无视施加于大家头上的不平等。一个优秀的团体，总能做到效率与公平的兼顾，并知道何时需要注重公平、何时需更注重效率。同样，一个聪明的人在处理事务时，也总会在公平与效率之间找到完美的平衡点。

鲇鱼效应：
让外来"鲇鱼"助你越游越快

鲇鱼效应就是一种负激励

挪威人喜欢吃沙丁鱼，尤其是活鱼，市场上活沙丁鱼的价格要比死鱼高许多，所以渔民总是千方百计地想让沙丁鱼活着回到渔港。虽然经过种种努力，可绝大部分沙丁鱼还是在中途因窒息而死亡。但有一条渔船总能让大部分沙丁鱼活着。船长严格保守着秘密，直到船长去世，谜底才揭开，原来是船长在装满沙丁鱼的鱼槽里放进了一条鲇鱼。鲇鱼进入鱼槽后，由于环境陌生，便四处游动，沙丁鱼见了十分紧张，左冲右突，四处躲避，加速游动。这样一来，一条条沙丁鱼活蹦乱跳地回到了渔港。

这就是著名的"鲇鱼效应"，即采取一种手段或措施，刺激一些企业活跃起来，投入市场中积极参与竞争，从而激活市场中的同行业企业。其实质是一种负激励，是激活员工队伍的奥秘。

比如，一个企业内部人员长期固定，就会缺乏活力与新鲜感，从而容易产生惰性，影响企业的生产效率。对企业而言，将"鲇鱼"加进来，会制造一些紧张气氛。当员工们看见自己周围多了些竞争对手时，便会有种紧迫感，觉得自己应该要加快步伐，否则就会被挤掉。这样一来，企业就又能焕发出旺盛的活力了。

同样，如果一个人长期待在一种工作环境中反复从事着同样的工作，很容易滋生厌倦、疲惫等负面情绪，从而导致工作绩效明显降低，长此以往，就掉入了职业倦怠的旋涡之中。"鲇鱼"的加入，会使人产生竞争感，从而促进自己的职业能力成长和保持对工作的热情，这样也就容易获得职业发展的成功。

要知道，适度的压力有利于保持良好的状态，有助于挖掘人的潜能，从而提高个人的工作效率。例如，运动员每临近比赛时，一定要将自己调整到能感觉到适度的压力，让自己兴奋的最佳竞技状态。相反，如果不紧张、没压力感，则不利于出成绩。可见，适度的压力对挖掘自身的内在潜力资源是有正面意义的。

有一位经验丰富的老船长，当他的货轮卸货后在浩瀚的大海上返航时，突然遭遇到了巨大的风暴。年轻的水手们惊慌失措，老船长果断地命令水手们立刻打开货舱，往里面灌水。"船长是不是疯了，往船舱里灌水只会增加船的压力，使船下沉，这不是自寻死路吗？"

船长望着这群稚嫩的水手说："百万吨的巨轮很少有被打翻的，被打翻的常常是船身轻的小船。船在负重的时候是最安全的，空船时则是最危险的。在船的承载能力范围之内，适当的负重可以抵挡暴风骤雨的侵袭。"

　　水手们按照船长的吩咐去做，随着货舱里的水位越升越高，随着船一寸一寸地下沉，依旧猛烈的狂风巨浪对船的威胁却一点儿一点儿地减少，货轮渐渐平稳下来。

　　这就是"压力效应"。那些得过且过、没有一点儿压力的人，就像是风暴中没有载货的船，人生的任何一场狂风巨浪都能将其覆灭。而那些时刻认识到"鲇鱼效应"的存在，在生活中适当存有压力，善于保持工作激情的人，是不会轻易被风浪击倒的，反而时刻走在追求成功的道路上。

给船"灌水"

适度的压力是必要的，但若压力过度的话，不仅不会消除厌倦慵懒的情绪，反而会激发无助、绝望等更为负面的情绪，从而使自己的状况恶化，这就好比将许多鲇鱼放入了沙丁鱼鱼槽中。鲇鱼是食鱼动物，正因为这种特性，加入一条鲇鱼会给沙丁鱼带来压力，从而发生"鲇鱼效应"；然而如果放入大量鲇鱼，这不但不能给沙丁鱼带来游动的动力，反而给它们带来灾难。

对于企业中的个人来说，"鲇鱼"可能是位奖罚分明、雷厉风行的领导，是位表现突出、实力强劲的同事，还有可能是位积极向上、富有活力的下属。这些"鲇鱼"的适当存在，都能让其他员工产生向前奋进的动力。久而久之，我们会慢慢发觉，我们也变成了周围人眼中的"鲇鱼"，大家都处在一个良性循环的竞争中。

在当今这个日新月异的社会中，原地不动就意味着退步。若不想落后于他人，那就给自己找条"鲇鱼"吧，保持着适度的压力，并将压力化为动力，我们就会越游越快。

引入"鲇鱼"员工

本田汽车公司的创始人本田宗一郎曾面临这样一个问题：公司里东游西荡的员工太多，严重影响企业的效率，可是全把他们开除也不现实，一方面会受到工会方面的压力，另一方面企业也会蒙受损失。这让他左右为难。他的得力助手、副总裁宫泽就给他讲了沙丁鱼的故事。

　　本田听完故事，豁然开朗，连声称赞这是个好办法。于是，本田马上着手进行人事方面的改革。经过周密的计划和努力，终于把松和公司的销售部副经理、年仅35岁的武太郎挖了过来。武太郎接任本田公司销售部经理后，首先制定了本田公司的营销法则，对原有市场进行分类研究，制订了开拓新市场的详细计划和明确的奖惩办法，并把销售部的组织结构进行了调整，使其符合现代市场的要求。上任一段时间后，武太郎凭着自己丰富的市场营销经验和过人的学识，以及惊人的毅力和工作热情，受到了销售部全体员工的好评，员工的工作热情被极大地调动起来，活力大为增强。公司的销售出现了转机，月销售额直线上升，公司

鲇鱼效应

在欧美及亚洲市场的知名度不断提高。

无疑，本田是"鲶鱼效应"的获益者。从那以后，本田公司每年都重点从外部聘用一些精干利索、思维敏捷的 30 岁左右的生力军，有时甚至聘请常务董事一级的"大鲶鱼"，这样一来，公司上下的"沙丁鱼"都有了触电式的警觉。

第七章

竞争规则

零和游戏定律：
"大家好才是真的好"

化敌为友，与对手双赢

在大多数情况下，博弈总会有一个赢、一个输，如果我们把获胜计算为 1 分，而输棋为 -1 分，那么，这两人得分之和就是 1+(-1)=0，即所谓的"零和游戏定律"。

在当今这个战略制胜的时代，双赢的理念和意识，在竞争中发挥着非常积极的作用。

很多时候，竞争中你若能化敌为友，这样得到的朋友，比你先前的朋友更能帮助你。因为你先前的朋友所占有的资源，你可能已经占有；所掌握的技能，你可能也已经掌握。化敌为友产生的新朋友，所占有的资源，所掌握的技能，可能正是你一直想拥有而未能拥有的，反之，对手从你那里也有所需，这样就促成了与对手双赢的结局。

1997 年 8 月 6 日，IT 界传出一个惊人的消息，微软总裁比尔·盖茨宣布，他将向微软的竞争对手——陷入困境的苹果电脑公司注入 1.5 亿美元的资金！

此语一出，IT 界为之哗然。比尔·盖茨大发善心了吗？

作为当时的世界首富，比尔·盖茨在世界各地捐资。但这一回，他却不是捐资，更不是行善，他向苹果注入资金是出于商业目的。

苹果电脑公司诞生于一个旧车库里，它的创始人之一是乔布斯。苹果的成功，在于乔布斯是世界上第一个将电脑定位为个人可以拥有的工具的人，这就是"个人电脑"，就像汽车一样，普通人也可以操作。这是一个划时代的产品定位概念，因为在那之前，电脑是普通人无缘摆弄的庞然大物，不仅需要艰深的专业知识，还得花大价钱才能买到手。

乔布斯很快推出了供个人使用的电脑，引起了电脑迷的广泛关注。更为重要的是，苹果公司还开发出了麦金塔软件，这也是一个划时代的、软件业的革命性突破，开了在屏幕上以图案和符号呈现操作系统的先河，大大方便了电脑操作，使非专业人员也可以用电脑为自己工作。

苹果公司靠着这些核心竞争力，诞生不久就一鸣惊人，市场占有率曾经一度超过 IT 老大 IBM。

然而，在进入 20 世纪 90 年代，网络经济突飞猛进之际，苹果公司却慢了一拍，未能抓住网络化这一先机，市场占有率急剧萎缩，财务状况日益恶化，1995 ~ 1996 年连续亏损，亏损额高达数亿美元，苹果公司使出了浑身解数，但种种努力都没有产生太大的效果。

就在苹果公司上上下下愁眉苦脸之际，微软突然伸出援助之手。难道天下真的有救世主吗？当然没有。

比尔·盖茨自有他的打算。他知道，苹果作为一家辉煌一时的电脑霸主，尽管元气大伤，但它潜在的实力却非常大。

在这个时候，很多电脑公司包括微软的一些竞争对手如 IBM、网景等，都想利用苹果乏力之机，提出与苹果合作，来达到和微软竞争的目的。显然，如果微软不与苹果合作，对手的力量就会更强大。

更为重要的是，美国《反垄断法》规定，如果某个企业的市场占有率超过规定标准，市场又无对应的制衡商品，那么这个企业就应当接受垄断调查。如果苹果公司垮了，微软公司推出的操作系统软件市场占有率就会达到92%，必然会面临垄断调查，那么仅仅是诉讼费就将超过从苹果公司让出的市场中赚取的利润。而和苹果合作，则可以把苹果拉到自己这一边，苹果和微软的操作软件相加，就基本上占领了整个计算机市场，微软和苹果的软件标准就成了事实上的行业标准，其他竞争对手就只好跟着走了。当然，微软实力比苹果强大，不会在合作中受制于苹果。

所以，拉苹果一把，有百利而无一害，比尔·盖茨扮演一回救世主绝对不吃亏。可见，与其付出代价而消灭对手，不如化敌为友，与其双赢更为划算。

NBA 比赛中的赢家学问

NBA（美国男篮职业联赛）比赛被认为是当今世界上发展最完备、职业化程度最高的篮球联赛，公平、公正、公开是它一贯的原则，它的很多项规章制度都自觉或不自觉地打破了"零和游戏定律"。

比如 NBA 的选秀制度。为了使 NBA 各队的实力水平不至于太悬殊，从而增加比赛的精彩和激烈程度，NBA 都要在每年度的总决赛之后，在 6 月下旬举行一年一度的"选秀大会"。参加选秀的一般是全美各大学的学生，均为全美大学生篮球联赛中的佼佼者。当然，最近几年里，高中生和国际球员有增多的趋势。NBA 根据他们的综合实力给他们打分排名，然后，各球队依照该年度在常规赛中的优胜率排名，按由弱到强的顺序依次挑选。为了公平起见，NBA 从前两年开始，在选秀前，先分发 1000 个乒乓球，上面注明挑选的顺序号，常规赛成绩最差的球队可挑 250 个号，他们挑中首选权的概率是 25%。以下依此类推。

　　这种制度是制衡各队强弱的杠杆，弱队每年总能得到一些能量补充，而强队得到好球员的概率则相对较小，这样就使得 NBA 各队之间的实力差距不至于太悬殊，这既保证了比赛的水平和质量，也保证了 NBA 的活力。这项制度实质上是 NBA 的经营手段，它的最终目的是使联盟能获得最大的利益。它不仅仅要求联盟获利，而且是力争使所有的球队（无论强弱）都获利，只是获利的多少有所区别而已。这是一种"多赢"的局面，而这种"多

赢"正是"双赢"的延伸和发展，是"双赢"的最大化体现。相反，如果当年只是湖人、公牛、马刺这样的超级强队获利，而快艇、骑士、猛龙等弱队一直赔钱的话，NBA 恐怕早已经萎缩，也不会从当初的 11 支球队，发展到如今的 30 支球队了。

NBA 球队之间的球员交换，也表明了参与球队希望"双赢"或者"多赢"的愿望。像勇士队与小牛队完成的 9 人大交易，其出发点就是为了共同提高两队的实力。在这场交易中，两队的明星球员贾米森和范·埃克塞尔做了互换。在小牛队中，虽然范·埃克塞尔实力一流，充满激情，但由于纳什的稳定发挥，使得他的作用大多是锦上添花，很少能雪中送炭；而由于内线实力的欠缺，使他们在和湖人、马刺那样内线实力强大的球队的对抗中处于劣势。因此，得到贾米森这样的明星球员，既能提高得分能力，又能增加内线高度，对球队大有裨益。

同样，贾米森虽是勇士队的头号球星，但和他司职同样位置的墨菲上个赛季进步神速，况且比他更高更壮，似乎已能替代他的角色。倒是勇士队的后卫阿瑞纳斯虽然获得了上个赛季的"进步最快奖"，但由于年轻尚欠稳定，常常无法帮助球队在关键的比赛中力战到底，他们曾看上了马刺队的克拉克斯顿，还将"袖珍后卫"博伊金斯招至麾下，但这些人和范埃克塞尔相比，显然不在一个档次。因此，勇士队才会放走头号球星，迎来小牛队的替补后卫。这种思维和行为方式，正是期待"双赢"的表现。

当然，在 NBA 中也存在不和谐。森林狼队的"乔·史密斯事件"，就公然违反了公平、公开、公正的原则，暗箱操作，侵犯了群体的利益。NBA官方发现之后，对森林狼队进行了严厉的处罚——处以巨额罚款，剥夺其3年的首轮选秀权，球队老板以及副总裁被禁赛数月，球队和史密斯签订的合同无效，史密斯还被迫为活塞队效力1年。

马蝇效应：

激励自己，跑得更快

背负压力，你会跑得更快

1860 年大选结束后几个星期，有位叫作巴恩的大银行家看见参议员萨蒙·蔡思从林肯的办公室走出来，就对林肯说："你不要将此人选入你的内阁。"林肯问："你为什么这样说？"巴恩答："因为他认为他比你伟大得多。""哦，"林肯说，"你还知道有谁认为自己比我要伟大的？""不知道了。"巴恩说，"不过，你为什么这样问？"林肯回答："因为我要把他们全都收入我的内阁。"林肯为什么要这样做呢？

很多人都对林肯的决定感到困惑。如巴恩所说，蔡思确实是个狂态十足、极其自大的人，他妒忌心很重，而且一直希望谋

求总统职位。至于林肯为何仍旧重用蔡思，用他自己的话来解释为："现在正好有一只名叫'总统欲'的马蝇叮着蔡思先生，那么，只要它能使蔡思那个部门不停地跑，我还不想打落它。"

现实生活中，不仅是蔡思，我们任何一个人，找只马蝇给自己点儿压力，都会使自己向目标的方向前进得更快。有这样一个有趣的故事：

勒斯里为了领略山间的野趣，一个人来到一片陌生的山林，左转右转迷失了方向。正当他一筹莫展的时候，迎面走来了一个挑山货的美丽少女。

少女嫣然一笑，问道："先生迷失方向了吧？请跟我来吧，我带你抄小路往山下赶，那里有旅游公司的汽车等着你。"

勒斯里跟着少女穿越丛林，正当他陶醉于美妙的景致时，少女说："先生，往前一点儿就是我们这儿的鬼谷，是这片山林中最危险的路段，一不小心就会摔进万丈深渊。我们这儿的规矩是路过此地，一定要挑点儿或者扛点儿什么东西。"

勒斯里惊问："这么危险的地方，再负重前行，那不是更危险吗？"

少女笑了，解释道："只有你意识到危险了，才会更加集中精力，那样反而会更安全。这儿发生过好几起坠谷事件，都是迷路的游客在毫无压力的情况下一不小心摔下去的。我们每天都挑着东西来来去去，却从来没人出事。"

勒斯里不禁冒出一身冷汗。没有办法，他只好扛着沉沉的木条，小心翼翼地走过了这段"鬼谷"路。

沉木条在危险面前竟成了人的"护身符"。其实，许多时候，如果我们学会在肩上压上几根"沉木条"，给自己一些压力，确实会让我们走得更好。下面看看这个非常贴近我们生活的例子：

小王是学管理的，因为爱好设计，进了某私企的企划部。刚工作不久，他就接手了一个公司的圣诞节网站广告设计项目，期限是 4 天。

由于这次广告需要设计一个非常有创意的网页，而小王和其他同事都不懂网页设计，老总便在出差前给他推荐了一位做网页不错的外援。谁料，小王拿着老总给的手机号码联系对方，发现人家也到外地出差了，根本抽不出时间。

当时，小王面前只有两条路：一是放弃，直接告诉老总做不了；二是迎难而上，完成项目。选择前者，会失去很好的表现机会，晋升的梦想也可能泡汤；选择后者，自己需要再想别的办法做出一个有创意的网页，既要符合活动广告的要求，又要体现公司的内涵和优势，但若成功了会大大提升自己在老总心中的地位。一直梦想做出成绩的小王，最终选择了后者。

决定后，他想如果再找别人，要让对方了解公司的企业文化、优势及活动意义等，至少也要1天左右，而整个项目只有4天，还不如自己上，毕竟自己对公司和这次活动主旨都比较了解，何况自己在大学期间也学过FOXPRO、VB等计算机课程。

于是，他买了两本网页制作的书，把自己关在办公室，连续3天废寝忘食地学习。第四天，老总出差回来，小王交上了一个自己精心设计的网页。当老总问他是那个外援的杰作吗，他便把事情原原本本地说了一下，老总立刻对他竖起了大拇指，还夸他是一个很有发展前途的年轻人。

可见，我们不应总是惧怕压力，适当的压力反而会让我们更好地发挥潜力。如果每天都给自己一点儿压力，你就会感觉到自己的重要性，发挥出更多的潜力。正如一位哲人说过，你要求得越少，那么你得到的也越少。

对手的"叮咬"，让你变得更加强大

马由慢跑到快跑是由于马蝇的叮咬，那么，我们个人的发展由弱到强需要什么来"叮咬"呢？事实证明，在有竞争对手"叮咬"的时候，人往往能保持旺盛的势头，最终让自己壮大起来，加速前进。

在北方某大城市里，经过激烈的市场较量，在彼此付出了很大的代价后，赵、王两大商家从诸多电器经销商中脱颖而出，他们彼此又成为最强硬的竞争对手。

这一年，赵为了增强市场竞争力，采取了极度扩张的经营策略，大量地收购、兼并各类小企业，并在各市县发展连锁店，但由于实际操作中有所失误，造成信贷资金比例过大，经营包袱过重，其市场销售业绩反倒直线下降。

这时，许多业内外人士纷纷提醒王说，这是主动出击，一举彻底击败对手赵，进而独占该市电器市场的最好商机。王却微微一笑，始终不采纳众人提出的建议。

在赵最危难的时机，王却出人意料地主动伸出援手，拆借资金帮助赵涉险过关。最终，赵的经营状况日趋好转，并一直给王

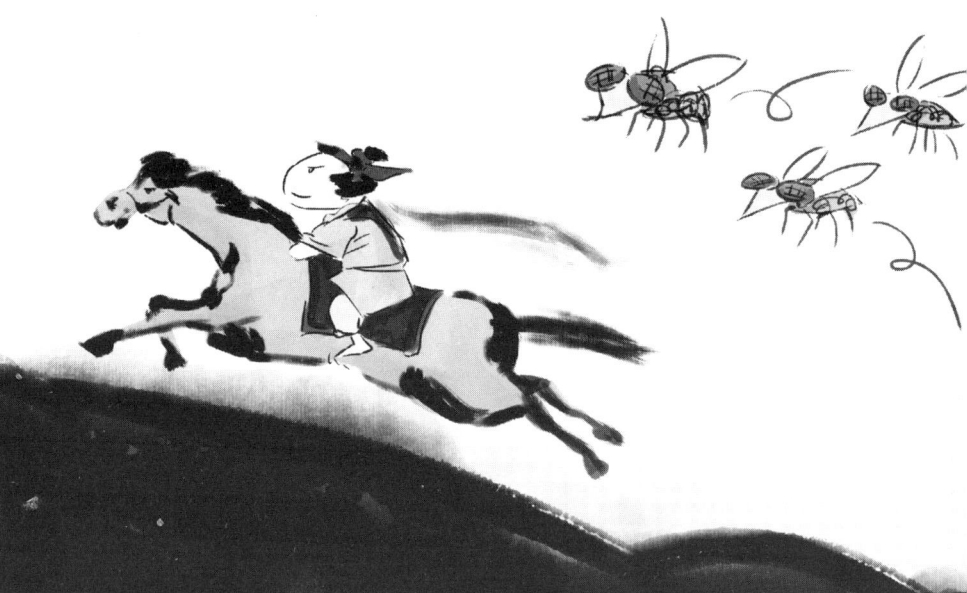

的经营施加着压力，迫使王时刻面对着这一强有力的竞争对手。

有很多人曾嘲笑王心慈手软，说他是养虎为患。可王却丝毫没有后悔之意，只是殚精竭虑，四处招纳人才，并以多种方式调动手下的人拼搏进取，一刻也不敢懈怠。

就这样，王和赵在激烈的市场竞争中，既是朋友又是对手，彼此绞尽脑汁地较量，双方各有损失，但各自的收获也都很大。多年后，王和赵都成了当地赫赫有名的商业巨子。

面对事业如日中天的王，当记者提及他当年的"非常之举"时，王一脸的平淡，他说击倒一个对手有时候很简单，但没有对手的竞争又是乏味的。企业能够发展壮大，应该感谢对手时时施加的压力，正是这些压力化为想方设法战胜困难的动力，进而让我们在残酷的市场竞争中，始终保持着一种危机感。

没错，人生需要一定的"激发力"，就好比著名的钱塘大潮，至柔至弱的水，一经激发，便能产生"白马千群浪涌，银山万迭天高"的蔚为壮观的景象。

事实上，人皆有惰性，如果没有外力的刺激或震荡，许多人都会四平八稳、舒舒服服、得过且过、无声无息地走完平庸的人生之旅，可是偏偏人生多蹇，世事难料，给人带来种种困窘，也带来种种激励。朋友反目，爱人变心，事业上不顺心，都可能成为精神动力，激发人们调动潜能，干出一番事业，改变自己的人生轨迹。

例如，苏秦一事无成时，屡受父母、妻、嫂的白眼，于是发愤图强，悬梁刺股，夜以继日，废寝忘食，终成一代名士，挂六国相印，显赫一时，威震天下。蒲松龄虽满腹经纶，却屡试不第，穷困潦倒，愤而激励自己著书立说，以毕生心血学识凝成《聊斋志异》，跻身文学巨匠的行列，成为千古名人。

所以，想成功，我们就要学会主动接受外在的激励，化压力为动力，以使我们的心智力量得到最大限度的发挥，使我们的人生变得更加瑰丽。

波特法则：

有独特的定位，才会有独特的成功

───────────

不求第一，但求独特

被誉为"竞争战略之父"的哈佛商学院教授迈克尔·波特曾说："不要把竞争仅仅看作是争夺行业的第一名，完美的竞争战略创造出企业的独特性——让它在这一行业内无法被复制。"

由其提出的波特法则指出，防止完全竞争最为有效的途径之一，就是要从根本上阻止战斗的发生。要做到这一点，对自己的产品就必须有独特的定位，自己的竞争策略就要有独到之处。这方面，比尔·盖茨为我们做了一个非常成功的榜样。

一天，比尔·盖茨从其西雅图总部附近的一家餐馆走出来，一个无家可归者拦住他要钱。给点儿钱自然是小事一桩，但接下

来的事却令见多识广的比尔·盖茨也目瞪口呆——流浪汉主动提供了自己的网址，那是西雅图一个庇护所在互联网上建立的地址，以帮助无家可归者。"简直难以置信，"事后盖茨感慨道，"Internet 是很大，但没想到无家可归者也能找到那里。"

今天，比尔·盖茨的微软公司给互联网带来了统一的标准，也带来了前所未有的垄断。其视窗（Windows）操作系统几乎已成为进入互联网的必由之路，全世界各地的个人电脑中，92% 在运用 Windows 软件系统。更值得一提的是，过去两年来，微软共投资及收购了 37 家公司，表面看起来好像是一种随心所欲的资本扩张行为，但只要把这 37 家公司排在一起分门别类，立刻就会令人大惊失色！因为这 37 家公司所代表的竟然是网络经济的三大命脉：互联网络信息基础平台，互联网络商业服务，互联网络信息终端。微软不仅统治了现在的个人电脑时代，而且已经开始着手统治未来的网络时代！难怪美国司法部要引用反垄断法控告微软。

但比尔·盖茨从容地说："微软只占整个软件业的4%，怎么能算垄断呢？"

盖茨的话也有其道理，因为软件的形态与工业时代的规模和产品建立的垄断已有明显区别。因为操作系统是整个电脑业的基础，微软以核心产品的垄断获得了对整个软件行业的主导地位，使得垄断操作"稀释"和掩饰在更大范围之中，与单纯的数量份额和比例等有关垄断的硬性指标已无明显关系。

这种软件业的主导地位是建立在知识和创新的基础上的，更是盖茨在竞争中的独特的定位的体现。

所以，要想在激烈的竞争中立于不败之地，你可以不求第一，但你一定要独特。

一只脚不能同时踏入两条河流

哲学上有一个公认的观点是"一只脚不能同时踏入两条河流"，其实，竞争中所采取的决策亦是如此，真正的决策，不能同时选择两条道路。在战略上面，决策就像岔路，你选择了一条路，那就意味着你不可能同时选择另外一条路。

下面，我们就以美国奋进汽车租赁公司为例来谈谈这个问题。

奋进是美国赫赫有名的汽车租赁公司，然而，你若去有一定规模的机场租车区，一定能够看到赫斯汽车租赁公司和爱维斯汽车租赁公司的柜台，也可以看到很多小汽车租赁公司的柜台，却看不到奋进公司的柜台。更令人费解的是，奋进公司的租金要比对手低30%左右，但总是比其他更有名气的竞争对手获得更多利润。

　　原来，与爱维斯汽车租赁公司和赫斯汽车租赁公司将自己的客户定位于飞行旅游者不同，奋进汽车租赁公司将服务对象定位于那些还没有买汽车的人。对于这些客户来说，如果需要自己支付租金，价格就是一个重要的考虑因素，而且他们肯定还要考虑保险公司是否会理赔。奋进汽车租赁公司就有意识地裁减各种客户不愿意付费的项目和可能增加的成本，包括做广告的费用。

就这样，奋进汽车租赁公司始终如一地坚持这一策略，尽管客户付费较少，但他们节省的开支大大超过了收费低廉而造成的损失，而且在业内总能成为赢家。

可见，在竞争中选择一个独特的策略，并始终坚持这一方向，才能成为行业真正的、持久的赢家。与之类似，戴尔电脑公司在1989年的经营模式改革中也体会到了这一点。当时，戴尔感到自己的直销模式发展得不够快，就试图通过代理商来销售。可是，当其发现这种转变给公司业绩带来损害的时候，就马上取消了这种做法。问题在于，如果你同时选择两条道路，别人也会这么做。所以，你要选择一条自己最擅长的、具有独特定位的路坚持下去。这样，你的差异化道路就会具有持续的力量，使对手无法打败你。否则，你只会表现平平。

学会了这些，你在具体制作竞争策略的时候，就应该懂得不能让自己的"一只脚同时踏入两条河流"的简单道理了。

权变理论：

随具体情境而变，依具体情况而定

计划没有变化快

在竞争中，我们总喜欢说不要打无准备之仗，事前一定要做好计划和安排。计划代表了目标，代表了充实，代表了憧憬，代表了一种对自己的承诺，因为"计划"会让我们知道下一步该做什么。

然而，"一切尽在掌握之中"固然是好，但我们也无法排除"计划外"的可能，正所谓计划没有变化快。

东汉末年，曹操征伐张绣。有一天，曹军突然退兵而去。张绣非常高兴，立刻带兵追击曹操。这时，他的谋士贾诩建议道："不要去追，追的话肯定要吃败仗。"张绣觉得贾诩的意见很好笑，根本不予采纳，便领兵去与曹军交战，结果大败而归。

谁料，贾诩见张绣打了败仗回来，反而劝张绣说赶快再去追击。张绣心有余悸又满脸疑惑地问："先前没有采用您的意见，以至于到这种地步。如今已经失败，怎么又要追呢？""战斗形势起了变化，赶紧追击必能得胜。"贾诩答道。由于一开始吃败仗的教训，张绣这次听从了贾诩的意见，连忙聚集败兵前去追击。果然如贾诩所言，这次张绣大胜而归。

回来后，张绣好奇地问贾诩："我先用精兵追赶撤退的曹军，而您说肯定要失败；我败退后用败兵去袭击刚打了胜仗的曹军，而您说必定取胜。事实完全像您所预言的，为什么会精兵失败，败兵得胜呢？"

贾诩立刻答道："很简单，您虽然善于用兵，但不是曹操的对手。曹军刚撤退时，曹操必亲自压阵，我们的追兵即使精锐，但仍不是曹军的对手，故被打败。曹操先前在进攻您的时候没有发生任何差错，却突然退兵了，肯定是国内发生了什么事，打败您的追兵后，必然是轻装快速前进，仅留下一些将领在后面掩护，但他们根本不是您的对手，所以您用败兵也能打败他们。"

张绣听了，十分佩服贾诩的智慧。

战争中，局势变幻无常，而这些无常，却决定了最终的胜与败。现实的竞争世界中，亦是如此，没有谁能在今天就断定明天一定会怎么样，事情的发展都具有一定的未知因素。

贾诩那番充满智慧的话，实际就是论述了一种"因机而立胜"的权变战略思想。组织是社会大系统中的一个开放型的子系统，是受环境影响的，我们必须根据组织的处境和作用，采取相应的措施，才能最好地适应环境。

那么，在激烈的竞争中，不要执着于某种外在的形式，不要完全拘泥于事先的精心计划，在事情发展过程中的计划外因素往往更加具有影响力。

以变应变，才能赢得精彩

毫不夸张地说，我们已经进入了竞争时代，一切都充满了变数。就拿大家熟悉的股市来说，几秒钟内的上下颠覆，可能把你送上云端，也可能把你推入地狱。对此，一定要树立权变的思想，善变才能赢。

经典动画片《猫和老鼠》大家应该记忆犹新，为什么每次小杰瑞总能逃过汤姆的利爪，还让汤姆吃尽了苦头？汤姆即使绞尽脑汁、费尽力气，为何最终仍然一无所获？这一切都是因为，小杰瑞对汤姆的一举一动，甚至一个呼吸、一个喷嚏、一个微笑的变化，都有不同的应对手段。

在商业竞争中，善变的思想同样必要。

中国布鞋曾一度在秘鲁打开销售大门，当地一家公司每月可销售中国布鞋 6 万多双。

不料，秘鲁当局颁布了一项法令，禁止纺织品和鞋子进口。这一突如其来的变化，使中国布鞋在秘鲁的销售大门被关闭了。

陷入困境的中国商人并没有坐以待毙，经过分析，他们发现秘鲁并没有禁止进口制鞋设备及布鞋面。于是，他们转变策略，决定出口制鞋设备和布鞋面，在秘鲁当地加工布鞋。布鞋面既不算成品布鞋，也不属于纺织品，不受禁令制约。

后来，中国布鞋又重新在秘鲁占有了一定的市场份额。

正如《孙子兵法》所言："夫兵形象水，水之形避高而趋下，兵之形避实而击虚。水因地而制流，兵因敌而制胜。故兵无常势，水无常形，能因敌变化而取胜者谓之神。"意思是用兵打仗，好像地下的流水那样没有固定刻板的规律，没有一成不变的打法，因敌变采取不同策略而取胜的，就叫用兵如神了。

某省一家出售冷冻鸡肉的食品公司，由于竞争激烈，冷冻鸡肉销售一直不太景气。后来，该公司经过市场调研，发现顾客喜欢吃新鲜鸡肉，于是实施相应策略，改为凌晨3点开始杀鸡，待去毛分割完毕恰好接近黎明。新鲜的鸡肉送到市场，生意一下子红火起来，公司利润持续上升，顾客也非常满意。

由此观之，善变之道在于灵敏地做出应变决策，抢占先机。没有这种能力，一个公司就会陷于故步自封的境地，一个人就会墨守成规。

竞争世界如同一条变色龙，变化的发生有时是没有什么明显的先兆的，我们往往也无法预知，变化常常让我们措手不及。因此，每走一步棋，我们都要看清形势，又要学会思考，以变应变，才能赢得精彩。

达维多定律：
及时淘汰，不断创新

─────────────

做第一个吃螃蟹的人

不难看出，达维多定律为我们揭示了如何在竞争中取得成功的真谛。这也正是诸多成功实例所验证的——要做第一个吃螃蟹的人。

日本企业界知名人士曾提出过这样一个口号："做别人不做的事情。"瑞典有位精明的商人开办了一家"填空档公司"，专门生产、销售在市场上断档脱销的商品，做独门生意。德国有一个"怪缺商店"，经营的商品在市场上很难买到，例如大个手指头的手套、缺一只袖子的上衣、驼背者需要的睡衣，等等。因为是填空档，一段时间内就不会有竞争对手。

其实，即使在人们熟知的行业里，仍然会有许多的创新点，关键是你要能够察觉得到。

有段时间，国外很多啤酒商发现，要想打开比利时首都布鲁塞尔的市场非常困难。于是就有人向畅销比利时国内的某名牌酒厂家取经。这家叫"哈罗"

的啤酒厂位于布鲁塞尔东郊，无论是厂房建筑还是车间生产设备都没有很特别的地方。但该厂的销售总监林达是轰动欧洲的策划人员，由他策划的啤酒文化节曾经在欧洲多个国家盛行。当有人问林达是怎么做"哈罗"啤酒的销售时，他显得非常自信。林达说，自己和"哈罗"啤酒的成长经历一样，从默默无闻开始到轰动半个世界。

林达刚到这个厂时是个还不满 25 岁的小伙子，那时候他有些发愁自己找不到对象，因为他相貌平平且贫穷。但他还是看上厂里一个很优秀的女孩，当他在情人节给她偷偷地送花时，那个女孩伤害了他，她说："我不会看上一个普通得像你这样的男人。"于是林达决定做些不普通的事情，但什么是不普通的事情呢？林达还没有仔细想过。

那时的"哈罗"啤酒厂正一年一年地减产，因为销售不景气而没有钱在电视或者报纸上做广告，这样便开始恶性循环。做销售员的林达多次建议厂长到电视台做一次演讲或者广告，都被厂长拒绝。林达决定冒险做自己"想要做的事情"，于是他贷款承包了厂里的销售工作，正当他为怎样去做一个最省钱的广告而发愁时，他走到了布鲁塞尔市中心的于连广场。这天正是感恩节，虽然已是深夜了，广场上还有很多狂欢的人，广场中心撒尿的男孩铜像就是因挽救城市而闻名于世的小英雄于连。当然铜像撒出的"尿"是自来水。广场上一群调皮的孩子用自己喝空的矿泉水瓶子去接铜像里"尿"出的自来水来泼洒对方，他们的调皮启发了林达的灵感。

第二天，路过广场的人们发现于连的尿变成了色泽金黄、泡沫泛起的"哈罗"啤酒。铜像旁边的大广告牌子上写着"哈罗啤酒免费品尝"的字样。一传十，十传百，全市老百姓都从家里拿自己的瓶子、杯子排成长队去接啤酒喝。电视台、报纸、广播电台争相报道，林达不掏一分钱就把哈罗啤酒的广告成功地做上了电视和报纸。该年度该啤酒的销售量为去年的 1.8 倍。

林达成了闻名布鲁塞尔的销售专家，这就是他的经验：做别人没有做过的事情。

不得不承认，如果只懂得沿着别人的路走，即使能取得一点儿进步，也不易超越他人；只有做别人没有做过的事情，创造一条属于自己的路，才有可能把他人甩在你身后。

万事源于想，创新从转变思维开始

一个犹太商人用价值 50 万美元的股票和债券做抵押向纽约一家银行申请 1 美元的贷款。乍一看，似乎让人不可思议。但看完之后才发现，原来那位犹太商人申请 1 美元贷款的真正目的是为了让银行替他保存巨额的股票与债券。按照常规，像有价证券等贵重物品应存放在银行金库的保险柜中，但是犹太商人却悖于常理通过抵押贷款的办法轻松地解决了问题，为此他省去了昂贵的保险柜租金而每年只需要付出 6 美分的贷款利息。

这位犹太商人的聪明才智实在令人折服。其实，我们身上也蕴藏着创新的禀赋，但我们总是漠视自己的潜能。你的思维已

经习惯了循规蹈矩，只要你愿意改变一下自己的思维方式，多进行一些发散思维和逆向思维，激活自己的创新因子，你周围的一切，都有可能成为你创新思维的对象。

众所周知，闹钟在传统上的作用只是"催醒"。然而，英国一家钟表公司在此基础上，又增添了一种与此矛盾的"催眠"功能。这种"催眠闹钟"既能发出悦耳动听的圣诗合唱和鸟语声，催人醒来；又能发出柔和舒适的海浪轻轻拍岩声和江河缓缓的流水声，催人入眠。使用者可以"各取所需"，这种新颖独特的闹钟深得失眠者的宠爱。再有，某大城市的市场上曾出现过一种具有特殊功能的拖鞋。这种居室内穿的拖鞋底上装有圆圈状的纱线，能牢牢吸附住地板或地砖上的灰尘、头发等污染物。人们穿上这种特殊拖鞋，边走路，边擦地，走到哪里，就清洁到哪里，既走出了"实惠"，又轻松自如。而且，这种拖鞋的洗涤也很方便，穿脏了放入洗衣机内便可清洗干净。这种"擦地拖鞋"卖疯了，其成功之处在于它体现了一种创新思维，也正是这种思维，为创新者带来了巨大的收益。

在竞争过程中，很多人被对手"吃掉"，其重要原因往往是遇事先考虑大家都怎么干、大家都怎么说，不敢突破人云亦云的求同思维方式。讨论一件事情时，总喜欢"一致同意""全体通过"，这种观念背后常常隐藏着"从众定式"的盲目性，不利于个人独立思考，不利于独辟蹊径，常常会约束人的创新意识，如果一味地考虑多数，个人就不愿开动脑筋，事业也就不可能获得成功。